魅力进化论

我的形象管理手册

高丽 著

当代世界出版社
THE CONTEMPORARY WORLD PRESS

图书在版编目(CIP)数据

魅力进化论：我的形象管理手册 / 高丽著 .—北京：当代世界出版社，2016.10

ISBN 978-7-5090-1133-1

Ⅰ.①魅… Ⅱ.①高… Ⅲ.①个人—形象—设计—手册 Ⅳ.① B834.3-62

中国版本图书馆 CIP 数据核字（2016）第 208850 号

书　　　名：	魅力进化论：我的形象管理手册
出版发行：	当代世界出版社
地　　　址：	北京市复兴路 4 号（100860）
网　　　址：	http://www.worldpress.org.cn
编务电话：	（010）83907332
发行电话：	（010）83908409
	（010）83908455
	（010）83908377
	（010）83908423（邮购）
	（010）83908410（传真）
经　　　销：	全国新华书店
印　　　刷：	北京凯达印务有限公司
开　　　本：	889 毫米 × 1194 毫米　1/32
印　　　张：	7
字　　　数：	140 千字
版　　　次：	2016 年 10 月第 1 版
印　　　次：	2016 年 10 月第 1 次
书　　　号：	ISBN 978-7-5090-1133-1
定　　　价：	39.00 元

如发现印装质量问题，请与承印厂联系调换。
版权所有，翻印必究，未经许可，不得转载！

形象是个系统工程

"形象"是一个非常概括的词,大型时尚真人秀节目"天桥风云"的评审这样定义形象:形象,就是现在,把你整个人的影像投射到纽约时代广场的大屏幕上,成千上万的人看到你现在的样子。

人们看到的将是什么样的你?

你是否感到自信?还是有着不得不暴露在人前的恐慌?

你的衣着是否得体?妆容是否精致?体态是否优美?

你的配饰是否恰到好处?鞋子是否干净?举止是否优雅?

形象管理,意味着首先你要从头到脚打造自己的形象,然后精心维护它。

大多数人都没意识到自己能够对自己的形象进行改造,他们对自己的形象听之任之,并认为"我已经付出过努力,结果就是现在这样"。

在你的形象这件事上,先天因素只占20%,而你掌握80%的主动权。

魅力进化论：
我的形象管理手册

有的人以为形象就是穿衣、搭配……然而形象远不止穿衣搭配那么简单。

如果你没有认真研究过化妆和打扮，你就不知道它们对一个人的样貌起的作用有多大。可能我们看到一个美人只会觉得"啊，好漂亮"，却不会细究这种漂亮到底从何而来。

那凝脂般的雪肤是天生的，还是通过后天保养加粉底和散粉得到的呢？

那精巧的五官、小巧的脸型是天然的，还是通过高光阴影修饰出来的呢？

那魅惑的眼睛是天生就自带闪光灯，还是心机的内眼线、晕染的眼影、卷翘的睫毛膏综合起来的效果呢？

那细腰是真的盈盈一握，还是通过加大胸部和臀部的比例，营造出来的视觉效果呢？

那高挑的身材是本身就非常高，还是合理的穿搭精心拉长比例的效果呢？

换句话说，你在网络和现实中看到的美女，其实100%都是精心修饰过的，那漂亮的眼睛、清透的皮肤、优美的发型和合体的衣服全都是努力的结果，是在一个大工程上，一个小工程一个小工程不断攻克的结果。

形象，是个系统工程。

本书分为两部分：第一部分是"我的内部形象打造工程"，帮助你细致地打造自己的"身体"，从身材、皮肤、头发到妆容，进行全方位的认知和打造。

  第二部分是"我的外部形象改造工程",告诉你如何找到自己的风格,如何针对自己的体型扬长避短,如何分辨自己的色彩类型,最重要的是如何成为你自己。

  这就是本书的使命,在形象管理这件事情上,帮助你塑造更美的自己。

PART1　我的内部形象打造工程

第1章　了解自己的身体 / 3

第1节　美丽的身体就是：好身材、好皮肤、好头发 / 4

第2节　你的皮肤已经"饥渴"太久 / 7

第3节　保持不老面容的秘密 / 11

第4节　美丽的秀发决定你的气质 / 16

第5节　定义自己的发色 / 20

第6节　她们费了那么大力气，只为了看起来毫不费力 / 22

第7节　正确选择的是：素颜和化妆都要重视 / 24

魅力进化论：
我的形象管理手册

第 2 章　我的身材管理：28 天打造完美身材 / 27

第 1 节　为什么单纯节食减肥常常无法奏效？/ 28

第 2 节　减肥的关键：提升基础代谢率 / 30

第 3 节　选择适合你的食物，选择适合你的运动 / 32

第 4 节　确定你的减肥周期 / 34

第 5 节　最佳运动频率：每周 6 天 ×60 分钟 / 36

第 6 节　28 天完美体型训练计划 / 38

第 3 章　美人在骨也在皮：画皮的艺术 / 45

第 1 节　如何打造一套完整妆容？/ 46

第 2 节　底妆的成败决定妆容的成败 / 50

第 3 节　挑选粉底前，先做这些功课 / 55

第 4 节　让粉底成为你的第二层肌肤 / 58

第 5 节　如何解决脱妆、晕妆和暗沉？/ 64

第 6 节　不同场合，不同口红 / 66

第 7 节　腮红：让你容光焕发的仙女棒 / 70

第 8 节　腮红应该刷在什么位置？/ 72

第 9 节　裸妆的秘密，是把每个细节和步骤都做到位 / 75

目录

PART2 我的外部形象改造工程

第 4 章 关于形象，时尚专家不会告诉你的真相 / 81

第 1 节 为什么你看起来有点"土"？/ 82

第 2 节 没有质感的衣服是气质的死敌 / 84

第 3 节 你搭配过猛了女士 / 87

第 4 节 一定要穿能够让别人产生好感的衣服 / 90

第 5 节 活色生香："不用香水，没有未来" / 93

第 6 节 寻找自己的"签名香" / 95

第 5 章 衣橱里的爱人：我的衣橱管理 / 97

第 1 节 分配预算的智慧：每个人都需要的基本款 / 98

第 2 节 制定购物清单：如何衡量自己需要什么 / 101

第 3 节 成为严肃冷静的购物者 / 104

第 4 节 给衣橱做减法：衣服太多，很难优雅 / 106

第 5 节 每个季节 20 件衣衫足够 / 109

第 6 节 品质与钱包之间的权衡 / 111

第 7 节 她的秘密都在包包上 / 115

魅力进化论：
我的形象管理手册

第 6 章　找到适合你的风格：5 种基本女性类型 / 119

第 1 节　个性型：英气潇洒的中性女和温柔洁净的自然女 / 120

第 2 节　舒适型：SOHO 族或者全职主妇 / 122

第 3 节　知性型：理性且安静的智慧女 / 125

第 4 节　权威型：位高权重的"女强人" / 131

第 5 节　少女型：浪漫且甜美的优雅少女 / 138

第 7 章　扬长避短的分体型穿衣法 / 141

第 1 节　梨形身材的穿衣法 / 142

第 2 节　苹果形身材的穿衣法 / 145

第 3 节　沙漏形身材和直板形身材的穿衣法 / 148

第 4 节　胖女孩怎么穿？/ 153

第 5 节　腿不好看，穿衣服就不能漂亮了吗？/ 158

第 6 节　小个子女孩的穿衣法 / 162

第 7 节　胸大的女孩如何穿衣才能性感而不俗气？/ 167

第 8 节　平衡和展示优势 / 173

第 8 章　你来自哪个色彩体系？ / 177

第 1 节　选择颜色前，先做色彩的功课 / 178

目录

第 2 节　冷浅达人 / 182

第 3 节　冷深达人 / 185

第 4 节　暖浅达人 / 187

第 5 节　暖深达人 / 189

第 9 章　风格捷径：从气质到气场的终极进化 / 191

第 1 节　穿衣指南：穿出自己的风格 / 192

第 2 节　追求完美：穿出优雅时尚 / 195

第 3 节　努力修炼：穿衣是阶段性蜕变 / 198

第 4 节　如何穿衣才能低调而优雅？ / 203

第 5 节　气场远不止搭配那么简单 / 206

后记 / 209

Part 1 我的内部形象打造工程

魅力进化论

我的形象管理手册

第1章
了解自己的身体

　　美丽需要：匀称的身材、光滑的皮肤、柔亮的秀发，任何一项不合格，美丽都会打折扣。

　　所以说，塑造美好形象的第一步，就是了解并塑造你的美丽身体：你的身材、你的皮肤、你的头发，甚至你的牙齿，共同构成了你的美丽。

第 1 节　美丽的身体就是：
　　　　好身材、好皮肤、好头发

　　曾听一位很有见地的女友说：所谓美人，就是好身材、好皮肤、好头发。

　　乍听之下，有点简单，但是细一想，真是妙至毫巅。

　　身材匀称的女孩，只要不是矮得离奇，什么样的身高都各有千秋。

　　皮肤紧致光滑，看上去也赏心悦目。只要皮肤好，五官如何，反而在其次了。

　　而头发是最终的撒手锏。发量多、发质好、光滑蓬松、秀发如云，那就肯定是美女。

　　美好的身体就是这么简单：身材、皮肤、头发。

身体是一个整体

　　我们过分注意自己的缺点，修饰它、掩盖它，反而会使我们忽视了自己的整体。

　　<u>我们判断一个人是不是美女，我们看的是整体，而不是她的缺点。</u>

　　如果整体美，那么缺点再多，也无损她是美女这一事实，缺点

也只会为她增加别样的美。

> 我认识很多可爱的女孩子，说起自己外貌上的优点，她们有的也许能说出来，有的则含糊其辞，甚至说"我都不知道我的外貌有什么优点"。
>
> 但是说起自己外貌的缺点，几乎每个人都能立刻说出来，然后滔滔不绝地开始描述：
>
> "我的头发太少了，也干，发际线太靠后，而且我鼻子很塌，脸上斑点太多……"这是一个在我看来很可爱的女孩子说的。
>
> "我的身材太胖。"其实她身高164cm，体重也不过60kg，谈不上"太胖"。
>
> 看出来没？
>
> 每个人都过分注意自己的缺点，那些看起来很自信的人，内心对自己的缺点也是自卑的。

以我的女神周迅为例，很多人会说"可惜她矮了一点儿"，但是，换个角度想，如果周迅的脸配上170cm的身高，她还是周迅吗？想象一下，是不是有违和感？

当你的整体优秀到一定程度时，你的缺点也会变得特别。就像周迅，周迅的娇小只会让她显得更有灵气。

在塑造个人形象的初期，整体更重要。当你在镜子里看到自己的形象时，要有大局观，从整体判断自己是不是好看、是不是协调，

魅力进化论：
我的形象管理手册

发型和衣服款式是否搭配，衣服和鞋子是否是一个风格，脸色和衣服的颜色是不是相配。

整体的优美协调，是这时最重要的诉求。

魔鬼在细节

当你达到了"看起来很美""远看很协调"的效果时，再去追求细节（如表1-1所示）。

表1-1 细节的追求

发色	你的发色是否适合自己的脸色，很多女孩喜欢染发（我也是），较深的发色还好说，三四个月补染一次，就不会看起来很突兀。而有的女孩染了浅色的头发，却懒得补染，过不了两个月，头发就会出现明显的分层，真是十分难看。
指甲	还要注意"指甲"，指甲的精致程度和洁净程度反映了整个人的洁净和精致程度。
内衣	关于内衣的细节也是要注意的。比如，夏天穿比较透的衣服时不要露出肩带，或者穿无肩带内衣、背部绕带内衣（千万不要穿透明带内衣，早就过时了）。
袜子	丝袜不要有脱丝，冬天的袜子不要起球。
个人卫生	最重要的是要注意自己的个人卫生，把它当成固定流程去做，每天早晨洗脸、洗头发时，就要顺便把手指甲、脖子、耳朵等部位洗干净

我上学时，我们学校有个校花级别的美女，非常可爱、有气质。但是有一次我和她说话，她一撩头发，耳朵暴露在我眼前，里面全是耳屎。从那以后，我虽然仍觉得她很美，但再也不觉得她有气质了。

细节的失误会让你的美大打折扣。

PART1
我的内部形象打造工程

第2节 你的皮肤已经"饥渴"太久

Question 1 完整的护肤程序是怎样的?

完整的护肤程序包括日护理和周护理,日护理是指你每天都要做的护理,而周护理是指你一周可能需要做1~2次的护理(如表1-2所示)。

表1-2 日护理和周护理

早晨	洗面奶——化妆水——精华——眼部精华和眼霜——日霜——防晒
晚上	洁面(如果有化妆,就先卸妆)——化妆水——精华——眼部精华和眼霜——晚霜
周护理	一周1~2次用按摩膏按摩,一周1次去角质,一周2~3次面膜

以上程序看起来简单,但是很多人都做不到。任何一个步骤的缺失,都有可能导致皮肤问题。

> 面膜的频率问题:
> 面膜确实是非常好的护肤品,但是也不能使用得太过频繁,每周1~3次即可。天天使用面膜反而会使脸部皮肤承受额外的负担,使皮肤变得敏感。

在我看来,大多数人的皮肤问题,都是其中一个或者几个步骤没有做到位造成的。如果你清洁不到位,就会导致粉刺和黑头产生;如果忽视了去角质,脸色就会暗淡无光;如果你晚上不认真护肤,

你的皮肤可能会比同龄人更干,老得更快;如果你白天不防晒,那后果可真是毁灭性的。

不要再让你的皮肤饥渴下去了,护肤是一件需要极大耐心的事情。

关于面霜,我的使用方法是便宜的开架货和贵价产品同时使用,晚霜就用好的。比如,今天早晨感觉皮肤状态不错,就使用以保湿为主要诉求的肌源乳液;如果感觉皮肤状态不好,就直接用贵价产品。

关于晚霜,我现在用的是滋润的面霜,效果非常好,适合干性皮肤。如果是油性皮肤,可以选择相对来说轻薄一点儿的面霜,但是晚霜应该比日霜更贵更好,这是常识。因为晚上才是护理时间,白天是防护时间。

Question 2 如何让护肤品更好地吸收?

关于这个问题,我有一个很重要的心得,用完水、精华和乳液后,不要就此结束。请你把手搓热,然后轻轻按压在面部肌肉上,每个部位都要按到,尤其是眼部,让手部的温热传递到脸上。这样本来皮肤吸收70%的,就可以吸收90%,每天这样按压一两分钟,效果特别好。

这种面霜的助吸收按压要天天做。此外,每周至少还要做脸部按摩3次。

对脸部的按压和按摩就好比帮助脸部肌肉做运动。可以想一想,我们的身体要运动,运动与否差别很大,那么我们的脸呢?其实也

PART1
我的内部形象打造工程

是肌肉呀！

合理的运动能够帮助面部保持良好的状态。皮肤之下的毛细血管通道，多按摩和温热就会通畅和活跃，只有畅通，脸部皮肤才不容易衰老。

只用护肤品不按摩，就如同身体不做运动只用身体油一样，表皮是滋润了，但是肌肉却松弛了。

Question 3 防晒到底有多重要？

防晒是抗衰老的基础。但是防晒霜在我看来，大牌与小牌的效果没有差很多，除非你有特殊的需求。比如，去海边，需要防水的防晒霜，或者去沙漠等紫外线非常强烈的地方，需要极高倍数且持久的防晒霜。大牌防晒霜与普通防晒霜的区别可能是持久度和防水度的不同，但是这种区别对于日常使用来说差别不大。

一般情况下，使用普通品牌的防晒霜即可。以我来说，每天上下班受阳光照射的时间非常少，不到两个小时，所以我通常每4个小时补涂一次。如果某天我需要照射4个小时以上的阳光，就会用SPF值高一些的防晒霜。而出国玩，或者去海边，毫无疑问我会用SPF倍数更高的防晒霜。在不同的生活环境中，选择不同的保养品也是一种智慧。

Question 4 什么时候要涂防晒霜？

一年四季，只要是白天，都需要涂防晒霜！雨天要不要涂？要

的。阴天要不要涂?要的。那么室内呢?除非室内一点儿光也不透,否则也是要涂的。

即使是阴雨天,还是有紫外线的。

防晒霜既是化妆的第一步,也是保养的最后一步。

防晒霜最重要的功能不是防止晒黑,而是防止光老化。

那么防晒霜需要涂多少?通常一粒黄豆大小的剂量即可,否则达不到效果。

防晒霜是否需要卸妆?看防晒霜本身的质地,防水的防晒霜需要卸妆(类似安耐晒),不防水的防晒霜用清洁力强的洗面奶即可(类似大宝)。

Question 5 为什么紫外线会造成光老化?

长期的紫外线辐射,会使皮肤内的胶原纤维减少,并沉积异常弹性纤维。紫外线中的 UVA 是使皮肤变黑的主要元凶,它的穿透能力极强,能够进入皮肤的深层;而更可怕的是紫外线中的 UVB 光谱,它可以晒伤皮肤,引起红肿、瘢痕、延迟性色素沉淀,还会破坏皮肤的保湿能力,致使皮肤粗糙、弹性变差、衰老。

因此,要防止紫外线对皮肤造成伤害,防晒霜就要尽可能早涂抹。欧美国家从婴幼儿时期就开始强调防止日光带来的伤害,而我国很多女孩过了 20 岁还没有建立起防晒的意识。

第3节 保持不老面容的秘密

老实说,今年我已经不小了(不是那种可以轻松说出自己多大的年龄),但是我自认为显得很年轻。为什么呢?因为我在十分努力地保养。

脸部的保养分两大块:皮肤保养和肌肉保养,保养方式分为外部保养和内在保养。

皮肤的保养包括清洁、保湿和防晒,而在做好清洁和防晒的基础上,几乎所有的护肤品都是为了保湿。

内在的保养,首先要有好的作息习惯,睡眠充足,此外心情要好,不然也容易衰老。

1. 皮肤和肌肉,要双管齐下

我是什么时候开始注意皮肤和肌肉保养的呢?

我有护肤意识算很早的,从高中开始就坚持涂防晒霜。但是好的护肤品用得比较晚,23岁才开始用雅诗兰黛。

用雅诗兰黛的前两年,感觉还好,后来发觉雅诗兰黛好像不太适合我了(因为我的皮肤超级干,感觉滋润度不够)。在年龄的压力之下,我觉得雅诗兰黛不够保湿,于是转向Sisley、资生堂、SK-II等品牌。

在皮肤方面，我一直是同龄人中的佼佼者，但是，**想要漂亮，仅仅保养皮肤是不够的，还要注意防止面部肌肉松弛。**

我 23 岁那年，刚刚参加工作，工作开展得不算顺利，心情也十分低落。记得每天下班在地铁列车的车窗上看到自己的脸，觉得脸部肌肉都下垂了。那感觉难以形容，好像看着自己在一点点变老。

2. 关于颈部护理

关于颈部，我很庆幸我的颈部上有颈纹，这使我很早就开始用 clarins 的颈霜，还有每次用化妆水的时候，也会涂在颈部。涂颈霜的时候，重要的是要按摩，从下往上。

颈部是很多女孩子会忽视的部位，其实最容易暴露年龄的也是这个部位，另外手部、膝盖和肘部也容易暴露年龄。

3. 关于松弛

姐妹们都说我心态好，其实我偶尔也会抓狂，就是因为——松弛，松弛真的会很丑。

除了松弛，还有两点大家要特别注意，即干瘪和硬朗。

干瘪：脸颊、嘴唇、鼻头

硬朗：下颚、额头、眉眼

通常笑起来的时候，干瘪会显得更严重，脸颊会凹陷下去，看起来就像一个酒窝。而随着年龄的增长，嘴唇也会变得越来越干瘪，所以要提早保养。

硬朗其实也是松弛惹的祸，肌肉松弛后就不能很好地包裹骨骼，骨骼就变得明显了。至于眉眼，随着年纪增长，阅历增加，会有越来越多种或淡定或凶狠的神情显露出来，这些都是职场练出来的。

我也很怕松弛，松弛是一个人衰老的标志！

正在看书的你去照照镜子，看看自己的脸有无松弛迹象。如果有，说明你对肌肉的保养是远远不够的。

那么，肌肉松弛了怎么办？我的建议是按摩，网上有田中按摩的视频，大家可以搜出来，每天照做，真的有效。

保养的关键也就这些，吃透了以后非常简单。但是要坚持下去却很不容易，需要极强的毅力。

4. 关于 lamer 与眼唇护理

我是在 26 岁左右开始用 lamer 这个品牌的，我那时是混合性皮肤。现在我的皮肤很细腻，是中性的，我不确定这是不是 lamer 的功效。虽然很多人说不要早用贵的化妆品，但是在经济条件允许的情况下，我还是用了。有时候我觉得这是一种态度，让我知道我每天为我的皮肤做了什么。

关于 lamer，我只想说其实它不是很贵。雅诗兰黛这几年出了很多白金、铂金系列的化妆品，其实都比 lamer 贵。

但是对于松弛，lamer 的效果不是很好。我曾经用过 clarins 的 extra firming 系列，的确有紧致的效果，不过它是给 40 岁以上的女

魅力进化论：
我的形象管理手册

人用的，所以我不是天天用。我建议买 clarins 的紧致精华晚上用。

关于眼霜的使用，我现在除了涂眼周，还涂唇周。大家看过动画片里面的老奶奶吧，嘴唇上面的皮肤都竖着皱起来了。所以，唇周和眼周一样要特别保护。

涂唇周的时候，也要按摩，先压压嘴角，并向上移动，然后用手把嘴角移动成微笑的样子，坚持吧……你会发现嘴角真的会慢慢开始"微笑"。

5. 关于按摩步骤

关于法令纹和眼纹，我想提醒大家的是，在涂眼霜、面霜时，请轻轻用手指把纹路打开，保证涂到细纹的凹处，听上去挺吓人的，其实这是很重要的。皮肤是有纹理的，不打开涂，凹的地方（当然这个面积是很小的，小到可以忽略）就是干燥的，长此以往会导致细纹逐渐加深。

我一般是这样按摩的：

a．涂好滋润的面霜或油。

b．搓热双手，按摩过程中经常搓搓手。

c．先按摩脖子，从下往上，注意，往上一直要到下巴。

d．按摩耳朵，让耳朵热热的，通常耳朵很冷。

e．两手手指按按嘴角，防止嘴角肌肉松弛突出，已经突出的要按回去。

f．从嘴唇下的皮肤中间向两侧，经过嘴角按摩到上唇中间——

能防止嘴角下垂,按摩的时候可以有意识地保持微笑的唇形。

g. 上面都是用4根手指按摩,接下来要用手掌。

用两个手掌按住左右脸颊,向上推,向外推,然后是额头。

每次按摩好,我都觉得脸热热的。

如果你试试只按摩一边脸,按摩完之后,会发现两边脸的状态是不同的,特别是眼角和嘴角,按摩后的半边脸都是向上的。

6. 关于年龄

我在英国读书的经历告诉我,女人老了也可以很美,很优雅,而且有品位和修养的男人好像并不是特别喜欢年轻的女孩子。他们对女人的要求是多元化的,绝对不是只要年轻就好。

总有些东西,比单纯的青春貌美更有价值。

第 4 节　美丽的秀发决定你的气质

不要再忽视你的头发了，不要再纠结染头发、烫头发要几百元甚至上千元了，一个适合你的好发型对你的容貌起着决定性作用。

有人说美女就是好皮肤、好发型、好身材，此言很有道理。五官可以是变量，但是好皮肤、好发型、好身材绝对是美的重中之重。<u>要像重视减肥那样重视发型，要像重视保养脸蛋那样重视头发。</u>

在我看来，头发是个人形象最为重要的一环，一头秀发绝对是从普通女孩到美女不可缺少的元素。

丰盈的秀发代表女人味，换句话说，秀发本来就是女性吸引力的表现，是一个女人身上最性感的部位之一。

很多姑娘都知道头发的重要性，但是却不知道如何保养。

保养头发有如下要点。

1. 勤洗是保持头发美丽的第一要务

油性头皮要每天洗，干性头皮两天一洗。也许很多人会说不行，可是对我来讲油性发质就是要每天洗。据我观察，如果头发 3 天不洗，再洗的时候就会掉十几到二十几根，吹的时候也会掉那么多。

我问过很多女性朋友，她们也都是头发洗得越勤，掉发就越少。

每个人头发最漂亮的状态,都是在洗完后头发蓬松柔顺的时候,不然就只能扎个马尾,给人灰头土脸的感觉。

2. 洗发水不要直接接触头发,请使用打泡瓶

洗发水的浓度是很高的,如果直接接触头皮,因为其刺激性大,很容易引起脱发。很多女孩子整体来看发量还可以,但仔细看会发现头顶有一片儿头发稀疏,那一片儿基本就是你洗头发时,直接抹洗发水的地方。

所以,洗发水在碰到头发前,一定要充分起泡。打泡瓶是非常好的选择。

使用打泡瓶时,先把洗发水和矿泉水以1∶4的比例兑进去,按压出来的直接就是泡沫。这样的泡沫,一是方便你洗头发,二是很容易冲干净。

我把打泡瓶推荐给身边很多朋友,她们大多数用了以后表示掉发减少了。

别外,要梳通头发以后再洗,不要直接洗,这是常识。

3. 吹风机和防晒

我知道很多女孩子觉得经常使用吹风机对头发不好,但是在头发全湿的时候吹,是不伤头发的。

如果头发已经吹到六七成干还不抹任何护发油,是就会把头发吹得干枯分叉的。

魅力进化论：
我的形象管理手册

比如卡诗和欧莱雅，都有专门抗热的护发油，就是吹头发的时候使用的。稍微抹点儿，就能保护头发。头发吹完也会有光泽。

千万不要小看这一步，事实上很多女孩子的头发就是坏在吹风这一步上。

如果去日照强烈的地方旅游，还需要抹点有防晒效果的护发油。

使用护发油以后，我的头发真的有了质的飞跃，整个感觉都不一样了。护发油要抹在发梢，远离头皮，在头发六七成干的时候均匀地抹，然后吹干。

如果是干性头皮我推荐使用卡诗的发油、日本玫丽盼发油，如果头发特别爱油，可以使用轻薄一些的发油。

4. 按摩也是必不可少的步骤

头皮强健了，头发才会好，所以按摩头皮是很重要的。有些女孩子会用梳子梳头皮，而我有点懒，平时想起来了就用手指用力地按压头皮，注意不是揉搓头皮，而是按压。

5. 关于发型

简单来说，发质好了，很简单的发型也会非常漂亮。如果想显得年轻，长发不如中长发（太长的头发会给人压抑之感），卷发不如直发。

最重要的是，不要有很强的造型感，不要让你的头发看起来很

PART1
我的内部形象打造工程

僵硬,要有美好的发质自己带出来发型的质感!有的女孩子头发造型感很强,乍一看很好看,但是走动起来,风一吹发型纹丝不动,没有一点儿生气。

有刘海会让你显得很可爱,没有刘海则使人有气质,可根据自己适合的来选择。

魅力进化论：
我的形象管理手册

第5节 定义自己的发色

选择最适合你的发色是拥有个人风格的第一步。经常变换发色并不会让你更美丽，反而会破坏你个人风格的稳定性。

在个人风格中，首先应该被定义的就是色彩。当看到一个形象时，人们首先注意到的也是色彩，比如，你的穿着的颜色，而更应重视的是你的肤色、发色，要根据肤色选择你的基本发色。

1. 选择适合你的发色

很多女孩不染发，其实黑发比其他颜色的头发对发质的要求更高，而且，天然的黑色未必是最适合你的颜色。

有时，黑发会让女孩们显得更高贵，但是也有很多时候，黑发意味着女屌丝：柔顺美丽的黑发和干枯晦暗的黑发可不是一个概念。

如果你的发质不是很好，不够黑亮柔顺，还不如染个适合你的颜色。

干枯的黑发绝不会衬托你的脸型。

如果害怕常常染发会使发质变差，可以加强护理。

比干枯的黑发更可怕的是干枯的黄色头发，所以以下几种颜色是相对"保险"的选择：巧克力色，温柔端庄的颜色；栗色，洋气时尚；还有咖啡色、奶茶色、酒红色，也是不错的选择。

具体选择哪个颜色，根据自己的肤色和喜好而定，太跳的颜色，比如金色、亚麻色，请慎重选择。

2. 头发需要定期补染

染发后注意每 3 个月要补染一次，明显的发色分层比干枯还要糟糕。染发膏一定要选择大品牌，或者去靠谱的理发店染。

如果染发膏的品质不够好，又经常补染头发，很容易损伤发质。在补染之后，也要格外注意对头发的护理，多用护发素或者发膜，能够有效降低经常染发带来的干枯。

第 6 节　她们费了那么大力气，只为了看起来毫不费力

常常发生的情况是：当你看到美女时，你只看到她们的美，却没有看到她们的付出。

换句话说，你在网络和电视上看到的美女，100%都是精心修饰过的，那漂亮的眼睛、清透的皮肤、优美的发型和得体的着装，全都是努力的结果。

即使美丽如奥黛丽·赫本，她的睫毛也是化妆师一根一根用夹子分开的，这才营造出了那小鹿一般无辜的大眼睛（如图1-1所示）。

图 1-1　奥黛丽·赫本

PART1
我的内部形象打造工程

她们费了那么大力气，只是为了看起来毫不费力。

想要漂亮，请先付出时间与精力打造自己。

别人真的不关心你有没有化妆，他们只关心你美不美

太多女孩子以素面朝天为荣，并且以此鄙视那些"浓妆艳抹"的女孩子，我不太确定，是不是你的男朋友、家人等告诉你：就喜欢你素颜的样子。

我妈妈和我的男朋友在我没学化妆前也这么说，直到我做了很多功课终于学会化裸妆：用适合我干性皮肤的隔离润色打底，均匀肤色，用清透感的粉底进一步均匀提亮肤色，用遮瑕膏淡淡遮去黑眼圈，用高光打亮额头和脸颊，用腮红使气色变得更好，最后抹上唇彩……

这一系列的工夫在他们眼里只有：啊，真好看……

我说了这么多，想表达的就是：事实上他们只关心结果，最好看起来像没化妆又变漂亮了，他们并不真的关心你是不是化妆了。

第 7 节　正确选择的是：素颜和化妆都要重视

我们的目标是：化妆时要艳丽，素颜时要清秀

时常看到有女性以自己"从不化妆"为傲。还有一种说法是，素颜可以让见到的人不必承受卸妆后的差异，卸妆后就像变个人，多尴尬啊。

这种说法真是有失偏颇。

首先，日常的化妆只会让你变漂亮一点儿，气色变好一点儿，真的没有"大变活人""都认不出来了"的感觉。

此外，随着年龄的增长，女人不可能永远保持 18 岁时的清纯动人，让人观之可亲望之可喜。

在轻熟的年纪，化妆的你必然比不化妆美。而且化妆跟重视素颜并不冲突，卸妆之后的美，并不影响你化妆后的动人。

在日本和巴黎的大街上，无论多大年纪的女人都会化妆。我有个朋友想买化妆品，在日本高级化妆品专柜犹豫不决，直到身边来了个目测有 60 岁、打扮精致的老太太，老太太的妆容精致妥帖，在化妆品专柜试用并购买了共计 8000 多元人民币的化妆品悠然离去。

老太太离去之后，柜员告诉我的朋友，老太太已经 84 岁了，这是何等的自爱和精神啊！

PART1
我的内部形象打造工程

我们的目标是：化妆要艳丽，素颜也要清秀。

在化妆的同时加强皮肤护理，好皮肤是清透妆容的基础。但如果你的皮肤有严重问题，比如大片起痘、发炎，那还是让皮肤先恢复健康再化妆吧。

日常妆的最大作用是什么？

日常妆的最大作用就是使你的气色变好，使整个人变得精神。均匀肤色、渲染气色、使眉目变得清晰有神、嘴唇红润健康，都是日常妆的主要诉求，而不是"你们快看啊我化妆了"（如图1-2所示）。

图1-2 化妆是为了修饰自己

一般来说，脸上没有瑕疵的女孩子，只要抹一层润色隔离霜，加一点儿粉底修饰肤色，最后扫个散粉定妆，整个人看起来就完全不一样。

着急出门的时候在涂防晒后再抹个隔离霜，扫下散粉，皮肤也会变得清透很多。

肤色不均且有痘印的女孩子就需要上遮瑕了，一般来说遮瑕度好的粉底也可以满足这一需求，但是遮瑕强必定会带来妆感重的缺陷，主要看自己把握。

只有眼妆是因人而异的，有的女孩子天生大眼睛，又不戴眼镜，那么只化稍粗的眼线、配上睫毛膏，就会有很好的效果。

而对于离不开框架眼镜的女孩子来说，仅仅是眼线和睫毛膏可能是不够的，稍粗的眼线、和眼线同色系的小烟熏，再加上睫毛膏，才是首选。无论多么重的眼妆，戴上眼镜后效果都会减弱。

不过戴框架眼镜不适合色彩感突出的眼妆，平时看起来非常好看的紫色、蓝色眼影，在框架眼镜后面会变得十分怪异。

对于普通人的日常妆来说，大地色眼影是不二利器，能够使你的眼睛轮廓加深，整个人精神变好。

第2章
我的身材管理：28天打造完美身材

很多女孩都想减肥，但是真正能减下来的却凤毛麟角。

人体有一套自己的平衡机制，你不能打破它，只能围绕它，才能达成自己的目标。

本章将帮助你了解人体的机制，认识合理的减肥方法和运动频率，从而制定适合自己的减肥周期，最后，通过28天的训练计划，打造出更完美的身材。

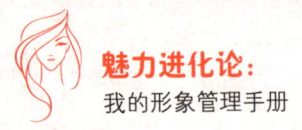

第1节 为什么单纯节食减肥常常无法奏效？

1. 身体有一套自己的平衡机制

人的身体拥有一套平衡机制，当你吃得太少时，身体为了维持平衡，就会降低基础代谢，就好像我们的手机，在低电量的时候，会开启智能省电模式。

这种机制是我们的祖先能够在远古时期存活下来的关键。在远古时期，人类靠狩猎生存，在饥一顿饱一顿的生存条件下，身体能否储存热量就成为生存的关键。当长期低量食物供应时，身体会自动调节，减少消耗。

通过节食减肥的女性都会发现，刚开始节食时，体重下降的速度是很快的，但是一段时间之后，速度就会变慢，甚至完全不动了。这就是因为身体注意到你最近吃得太少，认为到了紧急关头，需要进入"低电量低消耗模式"，所以之后就算你吃得再少，也不会减去多少体重。

2. 减肥就是让你的支出＞收入

从这个角度来讲，管住嘴、迈开腿的减肥方法虽然简单粗暴，也是能够起作用的：吃得少，支出也少，只能通过多运动来增加支出。

人体的运行模式说简单也简单，只要支出＞摄入，你就可以瘦。

对我来说，减肥最重要的不是意志，意志的根本是欲望：只要你有控制体态的欲望，你就能进一步控制食欲。

3. 尽量减少食欲对你的影响

减肥成功的关键是尽量减少食欲对你的影响（比如，不要让自己太饿、选择不容易长胖的食物、控制卡路里而不是控制吃饭等），然后用想变美的欲望打败吃巧克力的欲望。

不要让吃东西的欲望太强烈，太强烈必定会崩盘，比起吃多少，更重要的是吃什么。把所有甜品都换成西红柿或者胡萝卜，用清蒸、水煮代替煎炸。

4. 减肥前，请准备一个精确的电子秤

减肥前，请准备一个准确的电子秤，精确到零点几最好，因为减肥和长肉都具有延时效应：身体调整会使体积适应体重，但是你今天胖了 1kg，往往 7 天以后才会在体态上显现，瘦了 1kg 也是如此。

如果你节食一周，体重已经减掉 1.5kg，这时候从体型上往往是看不出来的，你可能会因为没有成效而灰心丧气。有电子秤就不同了，每天的体重变化都是清晰可见的。

每天减肥的成绩就是你的最佳动力。

我常用的一个方法是，把一件我穿着稍紧的 S 号新衣服挂在最显眼的地方，每次想要吃东西时就看看它……虽然吃东西的欲望可能不会消失，但是看着它就能让我少吃点。

魅力进化论：
我的形象管理手册

第 2 节　减肥的关键：提升基础代谢率

你的日常支出是：基础代谢＋活动代谢（日常的活动加运动）。

每个深入了解过减肥的人都知道：人的身体有"基础代谢率"，基础代谢是身体代谢的主要组成部分。基础代谢是指在绝对静止的状态下，你的身体代谢所能消耗的能量，成年女性的基础代谢为 1200～1400 卡。

成年男性的基础代谢为 1400～1600 卡，所以男性尽管吃得更多，却未必发胖。

如果想减肥，首先要控制自己每天的热量摄入不要超过每天的支出。

同时，要严格把握自己的支出，要点在于增加支出，增加运动，并维持甚至提升基础代谢。

如何提升自己的基础代谢？

1. 少食多餐

把一天要吃的食物，在总量不变的前提下，多分几次来吃。

比如，你每天摄入 1200 卡的食物，分成 5 次吃，就比一次吃完更有利于减肥。

2. 注意保暖

人的体温每提高1℃，基础代谢率就会提升13%。保证自己的体温，是提升基础代谢的有效方法。

提升体温可以通过一天中见缝插针地多做几次运动来实现，也可以通过白天多穿衣服，晚上泡脚来实现。总之，不要让你的身体冷着。

3. 多运动

运动本身会消耗热量，同时，运动还能够提升你的基础代谢率。不经常运动的人，比经常参加体育锻炼的人基础代谢率往往要低。

4. 每周的运动量

两次重量训练（举器械训练，还有俯卧撑、深蹲走等自重训练，新手可以参考《囚徒健身》，里面有循序渐进的训练方法）。

不少于两次的有氧训练（比如跑步、椭圆机、跳操等）。

不少于两次的柔韧性训练。

魅力进化论：
我的形象管理手册

第 3 节 选择适合你的食物，选择适合你的运动

关键 1 选择适合你的食物

如果要减脂，那么控制饮食是非常重要的。每天的摄入要不超过自己的基础代谢率（基础代谢率可以计算），不少于自己基础代谢的 80%。（吃得太多影响减肥效果，而吃得太少会使基础代谢率降低）。

蛋白质（40%）加碳水化合物（40%）加蔬菜（20%）。

一个可行的减脂计划（具体可根据自己的情况进行调整）。

适合你的食物应该是低热量、低脂肪和高蛋白的食物。零食不是完全不能吃，怎么吃、吃什么很重要，坚果、红枣、无糖酸奶都是不错的选择（如表 2-1 所示）。

表 2-1 你适合吃什么

蛋白质的最优选择	水煮蛋、水煮鸡胸肉，此外大多数的鱼肉都是适合的。牛肉、猪肉和羊肉等红肉热量高，尽量少吃。
碳水化合物的最优选择	南瓜、红薯、玉米等粗粮，蒸和煮的方法都可以。
蔬菜	各式绿叶蔬菜均可，另外，西兰花是大多数健身者的选择。
零食	可以将一瓶无糖酸奶或者一点儿坚果作为零食。想吃甜食的时候，请不要去买蛋糕和巧克力，吃两颗红枣吧

关键 2　选择适合你的运动

减肥最简单和最经典的方法,就是进行长时间的耐力性运动。

训练量要大,这样才能保证总体消耗增加。

强度要中等甚至偏低,这不仅适合没有运动经验的人,最重要的是,更容易坚持。如果一项普通的运动每小时消耗 200 卡热量,你能坚持 2 个小时,而且不感到痛苦,那么一次运动就能消耗 200 卡 ×2 小时 =400 卡。

相应的,高强度运动一小时可以消耗 500 卡热量,但是你连半个小时都坚持不了,也就消耗 250 卡,最后弄得自己还很累,反而会导致放弃。

魅力进化论：
我的形象管理手册

第 4 节　确定你的减肥周期

Question 1　减肥周期应该多长？

计算公式是：你的现有体重 - 你的理想体重 = 总减重量

减肥的斤数最好再往下算 1～1.5kg（因为会反弹，所以要留出反弹的量）。

建议你每周减重 0.5～1kg，这是比较健康的状态（根据基数不同而不同，65kg 以下都算是小基数，每周减 0.5kg 已经很好了；65kg 以上可以每周减 0.5～1kg），美国运动医学会给的标准是每周减重 1～3 磅（1 磅 ≈ 0.4536kg）。

比如说你现在的体重是 65kg，你预计减到 52.5kg，那么你需要减的斤数是 12.5kg。以一周 0.6kg 的速度，你的减肥周期大约是 21 周，不到半年。

如果超过这个额度，对你身体的健康造成负面影响的概率就会增大。

一般来说，减肥至少要持续 3～6 个月，才能有很好的效果。

Question 2　短时间内快速减脂能做到吗？

当然能！但是这样会透支你的健康，而且会损害你的基础代谢。即使减下来了，也会很快反弹回去。

所以，与其幻想一下子就瘦下来，还不如踏踏实实地，以固定频率减重。最重要的是在减肥过程中，养成良好的生活方式。

减肥初期（比如减肥周期的前3个月）控制饮食的效果比较明显，到了后期，运动的效果会变得显著。

而且减肥成功以后，通常还需要通过运动来控制体重，以保持瘦下来的身材。

第 5 节　最佳运动频率：每周 6 天 ×60 分钟

减脂是所有能量消耗的综合，需要的运动频率比较高，一周要达到 6～7 天。

美国运动医学会（ACSM）给出的建议是，如果要减脂，那么每周至少要训练 5 天，最好是 6～7 天，而每次的训练时间要不少于 30 分钟，30 分钟就是减脂的底线了。

要达到较好的减脂效果，最好是每周运动 7 天，每次活动 60～90 分钟。

普通人的日常活动也可以算进这个时间里，所以纯运动达到 60 分钟时，减脂的效果就出来了。

前面讲过，减肥最重要的就是能量的支出超过摄入，这叫作负平衡。

达到负平衡，除了通过运动增加消耗，还要通过控制饮食来控制摄入。

如果不控制饮食，运动过后，身体能量的消耗会导致食欲旺盛，不控制你就会一直吃。这样虽然能量消耗了，但是你吃的卡路里也会增加，一减一增，很难实现负平衡，所以身体也不会瘦。在减脂和运动的过程中，一定要运动结合控制饮食。

什么运动减脂效果好？

- 全身都要参与其中。
- 可以持续运动。
- 对关节压力要小。

同时满足上述 3 个条件的运动，减脂的效果是最好的，比如游泳、慢跑、自行车、划船机、椭圆机等。

现在最流行的减肥方法是 HIIT，高强度间歇性运动。但是 HIIT 的实用性在我看来有待商榷，虽然 HIIT 使你在单位时间内的能量消耗提高了，但是 HIIT 本身强度很大，会对身体造成负担，所以大多数人根本无法坚持下去。

而慢跑、椭圆机、自行车、游泳等，这些运动则没有这个问题。虽然强度很小，单位时间内的卡路里消耗并不多，但是这类运动造成的生理压力也小，有助于长时间作战。你可以在椭圆机上跑 1 个小时，也可以游泳 1 个小时，甚至 2 个小时，都不会造成太大压力。每天坚持 1 个小时以上，长期积累，你消耗的总能量会很高。

魅力进化论：
我的形象管理手册

第 6 节　28 天完美体型训练计划

1. 制定运动计划

在制定运动计划之前，有一个前提，就是确认你的身体是健康的。比如，你的关节没有损伤，也没有腰部、颈部等导致运动受限的问题。你有定期体检，心脏也十分健康。

如果身体素质不行，还强行锻炼，造成的后果可能是非常严重的。

运动频率：一周 5～6 次，中间休息一天（如表 2-2 所示）。

周期：4 周 28 天。每次 60～90 分钟。28 天以后你已经养成了良好的运动习惯，这时就需要调整运动计划表。

减脂原理：抗阻力训练 (无氧训练) 结合有氧训练。

2. 运动流程

第 1 步：热身（10～15 分钟）

热身是为了在接下来的运动中不受伤，所以每个部位都要充分活动。

充分活动全身关节，辅以简单的柔韧性训练。

重点部位：颈部、腕部、肩部、膝盖、腰部、踝关节

第2步：无氧训练（10～15分钟）

依次训练自己的胸部大肌群、腿部和臀部肌群、腹部肌肉和肩背部肌群。

要点在于循序渐进，把每个动作都做到位。一开始可以选择其中一至两项做。训练后期，肌肉力量增强，可以试着增加项目。

第3步：有氧训练（30～40分钟）

燃脂的关键步骤，目标是提升心率。一定要达到燃脂心率，才有减肥效果。

第4步：拉伸（5～10分钟）

拉伸是最后一步，同时也是不可缺少的一步。认真做拉伸，能够使你的锻炼效果事半功倍。

魅力进化论：
我的形象管理手册

表 2-2 一周锻炼规划

	项目	时间	内容	要点
周一	热身	5～10分钟	充分活动全身关节，辅以简单的柔韧性训练。重点部位：颈部、肩部、腕部、腰部、膝盖、踝关节	热身是为了在接下来的运动中不受伤，所以每个部位都要充分活动。
	无氧	10～15分钟	训练胸部大肌群 可选项目：10个俯卧撑×3组，中间休息10秒	循序渐进，把每个动作都做到位。
	有氧	30～40分钟	跑步机、椭圆机均可，训练30分钟以上	心率要达到最佳燃脂心率
	拉伸		充分拉伸肌群	
周二	热身	5～10分钟	充分活动全身关节，辅以简单的柔韧性训练。重点部位：颈部、肩部、腕部、腰部、膝盖、踝关节	热身是为了在接下来的运动中不受伤，所以每个部位都要充分活动。
	有氧	10～15分钟	训练腿部+臀部肌肉 可选运动： 深蹲侧抬腿 20次 箭步蹲左右腿各10次 站姿后抬腿 15次 臀桥 20次 以上各做2组，中间休息不要超过1分钟	一开始可以选择其中一至两项做。训练后期，肌肉力量增强，可以试着增加项目。

PART1 我的内部形象打造工程

续表

	项目	时间	内容	要点
周二	无氧	30分钟	可选运动： 原地开合跳 30个×2组 高抬腿 1分钟 椭圆机 跑步机 以上可以组合运动	心率要达到最佳燃脂心率
	拉伸	10~15分钟	充分拉伸肌肉	
	热身	5~10分钟	充分活动全身关节，辅以简单的柔韧性训练。重点部位：颈部、肩部、腕部、腰部、膝盖、踝关节	热身是为了在接下来的运动中不受伤，所以每个部位都要充分活动。
	有氧	10~15分钟	训练肩部+背部肌肉 弹力绳划船 引体向上 以上各做2组，中间休息不要超过1分钟	一开始可以选择其中一至两项做。训练后期，肌肉力量增强，可以试着增加项目。
周三	无氧	30分钟	可选运动： 原地开合跳 30个×2组 深蹲走 10米 俯卧撑跳 30秒 高抬腿 1分钟 椭圆机 跑步机 以上可以组合运动	心率要达到最佳燃脂心率

续表

项目	时间	内容	要点
周三 拉伸	10～15分钟	充分拉伸肌肉	
周四休息			
周五 热身	5～10分钟	充分活动全身关节，辅以简单的柔韧性训练。重点部位：颈部、腕部、肩部、腰部、膝盖、踝关节	热身是为了在接下来的运动中不受伤，所以每个部位都要充分活动。
周五 有氧	10～15分钟	训练腹部肌肉 平板支撑50秒 屈膝屈髋仰卧卷腹30次 仰卧抬腿30次 俯卧两头起20次 站姿体侧屈左右30次 以上任选2～3个组合运动，各做2组，中间休息不要超过1分钟	一开始可以选择其中一至两项做。训练后期，肌肉力量增强，可以试着增加项目。
周五 无氧	30分钟	可选运动： 原地开合跳30个×2组 高抬腿1分钟 椭圆机 跑步机 以上可以组合运动	心率要达到最佳燃脂心率

PART1 我的内部形象打造工程

续表

	项目	时间	内容	要点
周五	拉伸	10～15分钟	充分拉伸肌肉	
周六休息				
周日	热身	5～10分钟	充分活动全身关节，辅以简单的柔韧性训练 重点部位：颈部、胸部、肩部、腰部、膝盖、踝关节	热身是为了在接下来的运动中不受损伤，所以每个部位都要充分活动。
	有氧	10～15分钟	训练腿部+臀部肌肉 可选运动： 深蹲侧抬腿20次 箭步蹲左右腿各10次 站姿后抬腿15次 臀桥20次 以上各做2组，中间休息不要超过1分钟	一开始可以选择其中一至两项做，训练后期，肌肉力量增强，可以试着增加项目。
	无氧	30分钟	可选运动： 原地开合跳30个×2组 高抬腿1分钟 椭圆机 跑步机 以上可以组合运动	心率要达到最佳燃脂心率
	拉伸	10～15分钟	充分拉伸肌肉	

第3章
美人在骨也在皮：画皮的艺术

　　化妆是一种艺术……我在开始学化妆时买了许多本《教你学化妆》的图示书，但是并没有得窥门径。学习任何技能都需要先学习理论，而不是单纯地看图学话。

　　即使你看图学会了化妆，但是化妆的基础知识，比如粉底的选择、妆前的选择、完整化妆的步骤等仍是需要一步步学习的。

　　初学化妆，很容易在产品的选择上"踩雷"。

　　总而言之，这一章是初级的妆容科普章，适合彩妆新手及不知道怎么化妆的、想要学化妆但是不知道从哪里开始的、刚学会化妆但是化得不是非常好的人……不适合熟练的彩妆高手。

魅力进化论：
我的形象管理手册

第1节 如何打造一套完整妆容？

Question 1 完整妆容的顺序是怎样的？

一套完整的化妆步骤包括以下几步（如表3-1所示）。

表3-1 一套完整的化妆步骤

护肤环节	保湿：包括洁面、水、乳、润唇膏。 防晒：擦足量的防晒霜
底妆环节	妆前乳（隔离、打底）——粉底——遮瑕——腮红——高光——修容——散粉（散粉是妆面的最后一步）
（眼部）彩妆环节	眼部打底——眼影——眼线——夹睫毛——假睫毛——睫毛膏——梳理眉毛（刷眉毛）——眉粉、眉笔（描画眉毛）——唇膏——唇彩

其中，护肤和防晒同为保养步骤。

"妆前乳——粉底——遮瑕——散粉"属于底妆步骤，是为了营造好皮肤而做的铺垫，为整个妆容打底。

高光、修容和腮红严格来说都可以归为底妆，事实上它们都是为了修饰底妆。

底妆是整个妆容的重中之重，好的底妆决定了整个妆容的好坏，在日常生活中只要把底妆画好，那么眉眼部妆容都可以从简。

底妆是最需要花费金钱和力气的，眼影和腮红都可以用价廉的，但是底妆却不能省钱。相对来说，底妆也是非常容易"踩雷"的，

PART1
我的内部形象打造工程

没有适合所有皮肤的底妆品,所以底妆会我花最多篇幅来讲解。

日常化妆可以根据需要省略其中的很多步骤,不太着急时我的日常妆面是:护肤——防晒——妆前乳——粉底——腮红——高光——散粉——唇膏。

这一套下来需要10分钟。

如果我非常着急出门则会精简为:护肤——防晒——妆前乳——散粉——唇膏(唇彩)。这一套下来只需3～4分钟。

Question 2 补妆工具包里带什么?

无论妆化得多精致,外出时都需要携带补妆工具。眼影、口红、眉笔、高光、腮红、粉饼、纸巾和棉棒都是补妆工具包中不可缺少的东西(如图3-1所示)。

图3-1 补妆工具包

魅力进化论：
我的形象管理手册

Question 3 如何选择适合你的眉型？

眉毛非常重要！整齐漂亮的眉毛可以直接把美貌度提升一个档次，比较懒的女孩子只要修修眉毛、涂涂唇膏，整个精气神就会不一样。

眉型和脸型有很大的关系，不同的脸型适合不同的眉型。

挑眉：适合圆脸，整体偏短的脸。挑眉能够拉长脸部比例，中和视觉效果。玛丽莲·梦露的脸兼具天真和性感，如果没有这一副挑眉，她的脸就显得过于孩子气了，挑眉增加了她成熟女人的味道（如图3-2所示）。

图3-2　玛丽莲·梦露

PART1 我的内部形象打造工程

柳叶眉：柳叶眉是指具有一定弧度，又不像挑眉角度那么尖锐的眉毛。柳叶眉适合大多数脸型，不过更适合完美的鹅蛋脸。伊丽莎白·泰勒就是柳叶眉（如图3-3所示）。

图3-3　伊丽莎白·泰勒

很多女孩在修眉毛的时候，一不小心就会把眉毛修得特别细，再想补救都来不及了。所以修眉毛之前，要先用眉笔把自己想要修成的眉型画出来，然后再一点点慢慢修。修眉是个技术活，靠的就是慢工出细活。

形状自然的眉毛需要满足以下特征：*有一定宽度，太细的眉毛显得过于刻薄；适当的弧度，太挑太直都显得生硬，具体的弧度根据脸型来决定。最后是要与发色接近。*

如果你的眉毛过于稀疏，眉粉就是你的救星。

魅力进化论：
我的形象管理手册

第 2 节　底妆的成败决定妆容的成败

Question 1　为什么说底妆的铺垫是护肤？

化妆之前要先洁面、擦水乳等保养品，如果没有擦保养品就直接上妆必然会引起妆面不服帖、起皮、浮粉等问题。

擦水乳之后就是防晒，很多人认为妆前乳或者粉底带有 SPF 指数就不用额外抹防晒霜了，这是绝对错误的！

不光是妆前乳隔离、粉底那点儿防晒指数不够，就是防晒霜，最重要的一点也是用够量，通常每平方厘米 2 毫克的量才能满足需求。

所以无论粉底和隔离带不带防晒指数，防晒霜都是必不可少的。

Question 2　为什么我不建议使用 BB 霜？

> BB 霜刚开始流行时，我还在上初中。那会儿非常流行一个品牌的 BB 霜。某天我的密友问我她有什么变化。我仔细看了看她，觉得她的脸色好了，皮肤也白了！然后她激动地给我科普某 Z 牌的 BB 霜。
>
> 下课后我也赶紧去买了一支。那几年，好像女学生们的 BB 霜都是那个牌子的。好像抹 BB 霜，是很多少女们化妆的开始。

PART 1
我的内部形象打造工程

不像现在，00后已经在网上发布教人化妆的视频，而且有几十万的粉丝。

简单来说，杂牌子的BB霜都不要买！淘宝上有很多根本找不到注册商标的BB霜，号称是韩国、日本等国的，其实到了当地根本找不到，都是三无产品。

还有很多小作坊生产的BB霜，随便注册个牌子就开始卖，不说效果，其安全性就令人担忧。

BB霜作为底妆的一种，其实是最简单的。如果要选择BB霜，就选择大牌子的，至少品质有保证。

实在懒得化妆的女孩子，可以使用BB霜，但是每天一定要卸妆！我见过很多用BB霜的女孩子不卸妆，导致皮肤成片起皮、长痘。

虽然大牌子的BB霜安全性值得信任，但我还是建议能不选择BB霜就不要选择，原因如下：

BB霜颜色少。

人与人之间的肤色差距非常大，有的肤色偏暖，有的肤色偏冷，有的肤色偏黄，有的肤色偏粉。

而粉底往往分为十几种色调，你可以选择黄一调，黄二调，或者粉一调，粉二调……无论你是什么肤色，都可以找到和自己肤色冷暖深浅完美融合的粉底。

但是BB霜往往只有两三种色调选择。也就是说，*你只能在极其有限的范围内找到适合自己肤色的BB霜，上脸之后不是太白，*

魅力进化论：
我的形象管理手册

<mark>就是太黄，如果冷暖色调弄错了，可能上脸之后就会发灰，像面具一样扣在脸上。</mark>

我注意到，很多女孩选择 BB 霜，是因为 BB 霜抹上以后"会变白"，而不是"会均匀肤色"，而底妆产品最重要的作用应该是"提亮"和"均匀肤色"。

大部分 BB 霜都很难解决"不自然"这个问题。

很多女孩子不敢化妆，是怕"化妆以后皮肤变得不好"。但根据我的经验，只要做好皮肤保养，不省略防晒和隔离，选择优质靠谱的彩妆产品，做好卸妆，皮肤并不会变差。

那些化妆后皮肤变差的姑娘，往往是因为忽略了一个或几个步骤。要么本身就疏于保养，要么没有用隔离和防晒，要么选择了劣质的化妆品，但更多的是卸妆工作没有做好。

现在的化妆品越做越好，很多大牌化妆品对皮肤的伤害很小。如果经济条件允许，黛珂或者 CPB 等品牌的粉底是不错的选择。

无论是否化妆，保养皮肤都是重中之重。化妆做到的只是锦上添花，如果皮肤问题严重，就应该先解决皮肤本身的问题。

衰老不可避免，但是保养往往可以延缓衰老，能让你看起来更年轻。

Question 3 不用 BB 霜我们用什么？

BB 霜的最佳替代品，就是隔离霜，英文叫作 Make-up Base，顾名思义，打底。隔离霜比粉底更加轻薄，用在粉底和防晒之间。

PART1 我的内部形象打造工程

隔离霜也有修饰毛孔的功效，不过隔离霜最大的作用是使粉底更好上妆，有些粉底比较干，选择润一点儿的隔离霜就能使粉底更贴合更完美。

对于大多数女性来说，隔离霜都适合日常使用！尤其是皮肤好的女性，平时涂一层隔离霜加散粉即可出门。这样的妆容更轻，更自然。

但是隔离霜对痘痘、暗疮和斑点是无能为力的，遮盖这些瑕疵就需要粉底和遮瑕膏齐上了。

粉底的优势在于遮盖力更强，同时也比隔离霜更厚重，妆感更实。

Question 4 如何选择适合自己的妆前？

强调一下，没有哪款彩妆产品适合所有肌肤，干性皮肤和油皮需要的彩妆品（主要是指粉底类产品）是完全不一样的。

> 很多女性的底妆达不到自己预期的效果，其实是因为选错了妆前。与其在底妆产品里大海捞针，还不如选择一款适合自己肤质的妆前。好的妆前能够对底妆起到非常大的作用，是完整妆容中最重要的一步。

干性皮肤底妆的主要诉求是保湿。

油性皮肤底妆的主要诉求是控油。

遮瑕度根据需要来选择。

好的妆前能够让你的底妆更加完美，那么如何选择适合自己的妆前呢？

如果你是油性皮肤就选择有控油功效的妆前，如果你是干性皮肤就选择能够补水保湿的妆前，如果是混油性皮肤就在出油的地方（比如T区）涂抹控油妆前，而在会干的地方使用保湿的妆前（比如脸颊）。

还有一些其他皮肤问题，比如暗沉、发黄等，都可以找到相对应的妆前。

第 3 节 挑选粉底前,先做这些功课

1. 粉底的作用

粉底最大的作用不是让你变白,而是均匀并提亮你的肤色!

大多数人的肤色都不均匀,比如我,就是脸颊最白(因为那里永远不会忽略防晒),下巴和额头有点暗沉,鼻翼的边边角角也有点暗沉。很多女孩的情况也差不多,使用粉底之后这些暗沉的地方会被提亮,整体肤质就会变好,气色也能上一个台阶。

化妆新手很容易犯的一个错误,就是选择比自己肤色更白的粉底,结果导致上了粉底反而显得很不自然,并且还会出现脖子和脸两个颜色的尴尬情况。

所以,粉底要选择最接近自己肤色的、最能和自己皮肤融合的颜色,并且脖子也要涂上。

2. 粉底的价位

选择什么价位的粉底比较合适?

我的答案是:看你的预算。如果你计划用 800 元购置化妆品,那么要分配 500 元在底妆上;如果计划用 1000 元,那么就可以分配 700 元在底妆上;如果只有 500 元,那么至少也要花 300 元在底妆上。

魅力进化论：
我的形象管理手册

底妆绝对是一分价钱一分货的产品，有的女性花大价钱买名牌口红，然后底妆就随随便便买个几十元到一百多元的 BB 霜，这无疑是本末倒置。

当然不是说买贵的口红不好，而是在性价比上，贵的底妆往往超过贵的口红。

如果预算很足，当然所有的产品都可以买贵的（其实没必要，尤其眼线液、眼影，很多开架货也很好用。我就有过这样的教训，花大价钱买了很多限量版的眼影、口红，但是出来的效果始终有限。想想浪费的钱，还真是让人心疼。）

如果预算有限，那么请把钱花在刀刃上，底妆品越贵越好。<u>好的底妆品会把对皮肤的损害和负担降到最低。</u>

换个角度想，我们只有一张脸，平时用那么多昂贵的保养品伺候它，结果要化妆了，却让那些便宜的 BB 霜在脸上一待就是大半天，多不划算。

虽然化妆不会毁掉皮肤，但是不好的底妆产品绝对会毁掉皮肤的！

底妆也是整个妆容中最重要的部分，化妆和画画有时候很像，底妆不好，就好比在粗糙发黄的纸上画山水画，效果可想而知。

好的粉底很耐用，一瓶粉底液 30 毫升，按一个星期带妆 4 天算，往往可以用上大半年，平均到每一天，就不会觉得贵了。

3. 粉底的质地

粉底液、粉膏和粉饼，三者的流动性逐渐降低。通常情况下，粉饼更控油，更适合油性皮肤；粉底液适合大多数肤质，干性皮肤、油性皮肤都可以使用；粉膏则相对来说更滋润，更适合干性皮肤。

如何分辨粉底是不是适合自己？

如果上妆后脸部和颈部色差太大，则可以肯定选择了错误的粉底颜色。如果上妆后脸色暗沉或者发灰，则可以肯定是粉底的冷暖色不适合你。

第 4 节　让粉底成为你的第二层肌肤

粉底的颜色选择非常重要，如果选择的颜色刚好和你的肤色一致，那么出来的效果就是整个底妆都非常干净，脸色透亮。

而选错颜色，则是造成妆容有面具感的主要原因。另外，选错粉底颜色还会造成脸和脖子色差大、脸色暗淡等问题（暗淡是指光泽，而不是肤色）。

选择粉底分为两步：第一步，确定冷暖色；第二步，确定色号。

Question 1 如何确定皮肤的冷暖色？

对于底妆来说，冷暖色非常重要，如果冷暖色选错了，那么底妆的效果往往惨不忍睹。

选择粉底的第一步，是确定自己皮肤的冷暖色；第二步，是确定自己皮肤的颜色深浅。

所以说底妆一定要去专柜试，冷色的皮肤适合粉色调的粉底，暖色的皮肤则适合黄色调的粉底。在专柜试好粉底后不要着急买，过一两个小时再决定。有的粉底刚上妆时感觉不错，过一段时间就会发灰，让脸色看起来很脏，这就说明冷暖色或者颜色不对，就要重新选择了。

如何确定自己皮肤的冷暖色呢？

方法 1：挨冻以后判断冷暖色

回想一下冬天最冷的时候，自己的脸被冻得生疼时脸色是发青还是发红？如果脸色发青，那么你就是暖色皮肤，如果脸色发红，那么你多半是冷色皮肤。

好像大多数白种人挨冻以后脸色都发红，所以白种人中冷色皮肤更多。而我们黄种人挨冻以后大多数人脸色发青，所以黄种人中暖色皮肤更多。

冷暖色和肤色深浅无关。

方法 2：金色、银色判断冷暖色

通过自己适合的金属色来确定皮肤的冷暖色是个好方法。

你是适合金色的首饰，还是银色的首饰呢？冷色皮肤的人戴黄金会显得有点俗气，而戴白金更能衬托冷色皮肤的美；暖色皮肤的人戴白金会常常被人问：是银的吧？因为暖色皮肤不适合银色，白金在暖色皮肤的人身上会显得有点暗淡。

所以说，大多数中国人佩戴黄金更好看，而外国人佩戴纯金首饰的就很少，因为他们也知道自己不适合。

方法 3：衣服判断冷暖色

你最喜欢的衣服是冷色还是暖色？你穿冷色还是暖色被人夸奖更多？你的衣橱里是冷色系服装居多还是暖色系服装居多？

通常，答案是冷色的，你就是冷色皮肤，答案是暖色的，你

就是暖色皮肤。

方法 4：观察血管判断冷暖色

在阳光下观察自己手腕处的血管，血管颜色呈青绿色的是暖色皮肤，呈蓝紫色的是冷色皮肤。

观察血管的时候，要多和旁边的人比对。可能你觉得是蓝紫色，但是和旁边的人一对比，就会发现更偏青绿色。

不过更有可能比不出什么，因为中国人本来就是暖色皮肤居多，大家都是青绿色，当然比不出什么啦。

方法 5：最靠谱的办法：专柜试色！

试色的时候，要同时抹粉调和黄调的粉底在手臂上，逛一个小时之后再看看它们和皮肤的融合度。

这时有以下两种可能：

a. 黄色的粉底已经融入了肤色，几乎看不出来，而粉色的粉底变得发灰，那么你就是暖色。	你是暖色皮肤
b. 黄色的粉底看起来非常突兀，颜色变得更深，而粉调的粉底则有和肤色浑然一色的感觉。	你是冷色皮肤

选粉底可不容易，仅确定冷暖色就是个大工程。

冷暖色确定了，就可以选择粉底的深浅色了。

Question 2 如何确定粉底的色号？

确定冷暖色之后，就可以选择色号了。

你的皮肤有多白，你就要用多白的粉底。

PART1
我的内部形象打造工程

首先判断自己是粉调还是黄调,其次判断自己是属于第一白、第二白还是第三白。

很重要的一点,虽然说一白遮百丑,但是粉底是无法真正让你变白的,所以千万不要抱着想变白的想法去选粉底,不要因为想看起来更白,就盲目地选择最白色号的粉底,那绝对达不到你的目的。

> 粉底的意义是什么?
>
> 答案是均匀你的肤色,遮盖脸上的瑕疵,为整个妆面打好基础,使皮肤看起来干干净净的。
>
> "看起来变白"只是很小的一个诉求,提亮和均匀才是主要的诉求。

有句话说得很好:当女人愿意放弃最白色号的粉底时,说明她对自己的皮肤有了正确的认识。

千万不要以为自己的皮肤比身边的人皮肤白,就认定自己是冷色皮肤。 在微博上,我发现大多数彩妆博主都宣称自己是冷色皮肤,哪有那么多冷色皮肤!

即使确定了自己是冷色调还是暖色调,还是要去专柜试色,试色的效果决定一切。

选择比自己所适合的粉底更白的粉底色号会带来什么后果?

a. 脸色惨白,非常不自然。

b. 和颈部有巨大的色差。

粉底的色号要适合自己的肤色,最好的妆效是粉底几乎融入皮

魅力进化论：
我的形象管理手册

肤，让别人看不出你上了底妆，以为你天生皮肤就是这么好。

这才是你应该追求的底妆效果。

Question 3 什么时候你可以选择最白色号？

你是人群中绝对的白皮肤，几乎看不到比你更白的人，这时你可以选择最白色。

80%的中国女人适合第二白或者第三白。

而且非常有可能的是，即使是第二白色号，上脸之后还是会比你本身的肤色浅，能起到提亮肤色的效果。

不过，也不要因为怕白而去选择比自己肤色深的粉底，它会让你看起来很暗淡。

不同品牌不同系列的底妆色号有可能完全不一样，很可能这个品牌的这个系列你用最白，另一个品牌你就要用第二白的色号。具体需要自己去专柜试。

Question 4 粉底无法遮住的瑕疵怎么办？

使用遮瑕膏能够让你看起来更完美。

每个女孩子的脸上都有或多或少的瑕疵，脸上没有瑕疵的那是橡胶人。

大家的瑕疵大同小异：痘痘、斑、痘疤、局部暗沉（比如嘴角或者鼻翼）、黑眼圈等。

针对这些瑕疵，仅仅用粉底是不够的，还需要用遮瑕膏来化腐朽为神奇。

遮瑕膏的颜色选择，和底妆颜色选择差不多，暖色皮肤挑黄色调遮瑕膏，冷色皮肤挑粉色调遮瑕膏。

注意：眼部要有单独的遮瑕膏，眼部遮瑕膏的颜色要慎重选择。

特别要注意的是眼部遮瑕膏的选择，眼部遮瑕膏一定要和面部遮瑕膏分开，选择专门的产品。这是因为：第一，眼部的瑕疵比较特殊（黑眼圈一般比较重，普通的遮瑕膏往往没有效果，眼部遮瑕膏有修饰和中和黑眼圈的效果）；第二，眼下的皮肤更容易干和起皱纹，所以眼部遮瑕膏要更滋润。

眼部遮瑕膏的颜色选择非常重要！

暖色皮肤的黑眼圈常常是发青绿色的，而冷色皮肤的黑眼圈常常发青紫色。如果你自己无法判定，那么在自然光线条件下，用高清摄像头，对着自己拍一张照，从照片上看，什么颜色就非常好分辨了。

青绿色的黑眼圈如果选择了粉色调的遮瑕膏，那出来的效果就像是影视剧中僵尸的眼妆，要多惊悚有多惊悚。

第 5 节　如何解决脱妆、晕妆和暗沉？

Question 1　为什么眼部会晕妆？

眼部晕妆有可能是因为眼皮出油，眼睛形状的不同也会造成眼皮出油度的不同。如果上眼皮比较厚，那么眼部妆容的摩擦就会更厉害，比如下垂眼和肿眼皮都容易晕妆。

同时，在化妆之后，你要注意自己的表情，不要笑得太用力，也不要用手揉眼睛，总之自己的上下眼皮不要经常摩擦。如果眼部晕妆厉害，可以随身带小包装的眼霜、棉签和化妆棉，用棉签蘸取少量眼霜即可把晕妆的地方擦掉，然后再进行眼影等补妆。

眼部晕妆有时是不可避免的，毕竟没有可以持久的完美妆容，只有养成时时修正的习惯，才能保持完美状态。

Question 2　为什么底妆会暗沉？

底妆暗沉的原因有三个：

原因一，出油会使你的底妆斑驳脱落，显得非常肮脏且不均匀，解决的办法就是使用控油的妆前产品，在涂抹粉底之后，再使用控油的散粉。根据皮肤出油的程度，选择不同的控油产品，可以从网上寻找评测，然后根据自己的情况多尝试。

原因二，底妆上脸后，往往会氧化，如果抗氧化做得不好，底妆很快就会变得暗沉，所以需要使用有抗氧化功能的妆前来弥补，比如 CPB 的美白隔离。

原因三，粉底色号选得不合适。如果你选择的粉底不适合自己的肤色，刚上妆时可能看不出来，但过一段时间底妆和皮肤融合之后，就会明显看出粉底的颜色和脸色不搭调，非常怪异。

所以，如果你的底妆暗沉，你需要仔细分析自己的情况，是出油、抗氧化工作没有做好，还是色号选得不合适。

化妆这件事情，个体差异非常之大，一般底妆问题的解决办法有这些（如表 3-1 所示）。

表 3-1　一般底妆问题的解决办法

暗沉的解决办法	使用抗氧化的妆前	推荐：CPB 美白隔离
	选择适合自己的粉底色号	
	使用控油的产品	
出油的解决办法	使用主打控油的妆前	推荐：苏菲娜妆前乳 / Laura meicier 散粉
	使用主打控油的蜜粉	
干、卡粉、爆皮的解决办法	好好护肤，没做好皮肤滋润，就容易卡粉。如果皮肤状态特别差，粉底能够做到的其实非常有限。	推荐：Covermark 水滢隔离、RMK 丝绢隔离
	使用滋润型的妆前来打底	
	不要用太控油的散粉。比如 Laura mercier 散粉，我用就太干，所以我只用在 T 区。	

魅力进化论：
我的形象管理手册

第 6 节　不同场合，不同口红

Question 1　你需要多少支口红？

亦舒曾在一本书中这样描述口红：

比穿华服更有效，万试万灵。一抹上口红，就比较获得尊重。幼儿会仔细凝视涂上鲜艳口红的女士，表示好感，愿意接受拥抱。售货员见到客人有红唇，立即满面笑容前来打招呼，仿佛认定这是一个舍得消费的人。到了银行区、市中心，口红更是少不了，不化点妆，像是无心过活，最简易的添妆，便是花 10 秒钟抹上口红。

也得花点心思：豆沙色永远最安全，黑玫瑰紫再流行，大抵不适合家庭主妇，银粉红色只有涂在 18 岁的小肿嘴上才好看，亦不必考虑……小友肤色雪白，大有资格在口红上翻花样，橘黄色、大红、浅紫，全有，一日，忽然抹上柚木地板那样的深咖啡，叫人看了不住眨眼。一种不脱色的新牌子实在值得捧场，它是真的不会褪到茶杯或吸管上，不过吃完螃蟹，也得补一补。在所有化妆品中，口红销数最佳，每个妇女，都起码拥有三四管口红。

注意上面的话：豆沙色最安全，黑玫瑰紫再流行也不适合家庭主妇，银粉红色只适合 18 岁的少女。

口红可不是随便拿一支就能往嘴上涂的。

PART1

我的内部形象打造工程

在去年火爆的韩剧《来自星星的你》中,全智贤饰演一位造型百变的超级明星,衣服是不断变换的,而口红的颜色却变换很少,几乎没有擦过任何出位的颜色(如图 3-4 所示)。

图 3-4 《来自星星的你》剧照

但是她的口红颜色,却带动了一大批类似色口红的畅销,被称为《星你》色。所以说,你也不需要很多支口红,有几支适合自己的就可以了。

通常你需要:一支大红色口红适合特殊场合和凹造型,一支豆沙色口红上班,一支粉色、一支粉橘色口红约会,一支红色唇彩救

魅力进化论：
我的形象管理手册

场，这就足够了。

如果皮肤够白，可以加一支橘色口红。

> 我看到过一句话："在化妆品的世界里，你随随便便新开启一个领域，就得花钱。原来你不涂口红，一旦你买了第一支口红，你就会有一万个喜欢的颜色。你会从小雏菊这种入门级一路喷到殿堂级；你会从单色眼影一路狂飙到大师级眼盘；你会从BB霜升级到粉底、散粉、高光；护肤品从开架式到贵妇级；慢慢感觉身体乳、洗发水都要用好的。"这句话充分说明了女人对化妆品的天然喜爱，但是对于口红来说，真的没必要买那么多。

Question 2 为什么不同场合，要选择不同的口红？

没有比在工作场合烈焰红唇更可怕的事情了，不同的场合使用不同的口红是最基础的礼貌和规则。上班时应使用低调的口红颜色，比如玫瑰色的口红，会显得气色很好。

上班时不适合涂亮晶晶的唇彩和艳丽的颜色，那些闪亮的唇彩留到约会或者和朋友一起出去玩的场合吧！

不要参考网上的唇膏试色

很多女孩在买唇膏之前，会参考网上的试色，一些韩国彩妆博主的试色看起来非常漂亮，白白的脸上，画着鲜艳的唇妆。但是网上的唇膏试色，参考度是非常低的，因为她们拍照时，光都打得非

PART1
我的内部形象打造工程

常亮,导致拍出来的颜色都会浅好几度,何况她们在拍完照片后,还会 PS,把自己 P 得更白更美。如果参考她们的试色去买唇膏,涂到自己的嘴上就会发现根本不是那么回事。喜欢看化妆教程的姑娘们,可以参考一下她们的化妆手法,颜色之类就不要当真了。

魅力进化论：
我的形象管理手册

第 7 节　腮红：让你容光焕发的仙女棒

腮红是真正能让你容光焕发的仙女棒。

1．颜色：粉色还是橘色？

腮红颜色的选择要比其他彩妆更简单，日常就两种类型的颜色：粉色或者橘色。

总的来说，<u>粉色腮红会让你的脸更粉嫩，让你看起来更年轻，而橘色腮红会使你看起来更有活力，元气满满。</u>

那些重口味的颜色，比如紫色腮红，初学者就不要尝试了，很难看。

对于日常妆来说，我觉得粉色腮红比橘色腮红更好驾驭。因为橘色是个很难整的颜色，无论是橘色唇膏还是橘色腮红，用得好就会显得元气满满，脸会可爱得像个蜜桃，但是用不好看起来就会像个黄脸婆。

所以说，橘色腮红选择一款适合自己的就可以，而粉色腮红可以多准备两款，一款偏可爱粉嫩，约会时用；一款偏沉稳（比如，现在很流行的偏砖红的粉）上班时用。腮红也是需要多尝试的！

其实粉色腮红里也有显白的粉和不显白的粉，需要你自己上脸去尝试。

2. 质地：腮红膏、腮红粉和腮红液

从质地上来说，目前市面上的腮红主要有三种质地：粉质腮红、膏状腮红和液体腮红。

从三种腮红上妆的难度来说，粉质腮红最好用，上手最容易，持久度适中，颜色的选择最多。它的各个方面都很均衡，也最适合新手使用。

腮红膏比粉质腮红需要的技术要更好，同时持久度也不算好，比较容易掉，不推荐新手使用。

液体腮红是三种腮红里最持久的，上妆以后可以保持8个小时以上，但是需要的技术也最高：因为液体腮红非常容易干，所以下手一定要快，一旦动作慢了，就会干在脸上，实在尴尬。我在使用贝玲妃的液体胭脂水时，经常是刚点在脸上，动作慢了点儿，它就干涸在脸上，形成一小块高原红。

第 8 节　腮红应该刷在什么位置？

找到适合你的腮红位置

腮红刷在什么位置好？

答案是：不同的脸型刷在不同的位置，腮红能够在一定程度上修饰你的脸型（如图 3-5 所示）。

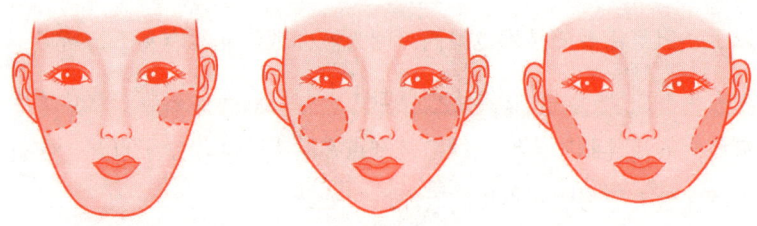

图 3-5　不同脸型刷腮红的位置

类型 1：窄而长的脸

不管你的下巴是圆形还是方形，如果整体偏窄偏长，你就属于这一类型。

如果脸型太窄太长，那么腮红就要横向打。横向的腮红可以使面部在视觉上变宽，整张脸的比例也会更加协调。

类型 2：比例适当的完美脸型

这种脸型原则上怎么刷都可以，腮红的位置由想要的妆容效果决定。最普遍的刷法是刷在苹果肌上，会显得非常可爱。

类型 3：短而宽的脸

这一类脸型既包含圆脸，也包含偏正方形的脸，这一类脸型亲和力强，缺点是稍不留意，就会变成大饼脸。

要刷腮红，首先要找到自己的苹果肌。苹果肌大约位于眼部下方 2 公分处，是一个倒三角状的肌肉组织，当你笑时，它就会凸起来，像苹果一样可爱。

这种短而宽的脸型在刷腮红的时候，可以从苹果肌开始，向太阳穴的方向斜着刷，这样视觉上脸的长度会加长宽度会变窄，看上去更立体。

腮红的 3 种基础刷法（如表 3-2 所示）

表 3-2　腮红的 3 种基础刷法

斜刷	增加脸部的立体感，有的深色腮红（例如砖红色）斜刷的时候，会让人的面部显得非常立体和精神，同时也会让人显得十分强势。我注意到，一线大牌的品牌走秀，采取斜刷腮红方法的比例很高，更符合一线品牌高贵冷艳的定位。
横刷	横刷腮红可以调整面部比例，使修长的脸看起来没有那么长。
打圈刷	打圈刷是最基本的刷法之一，打圈刷腮红能带来柔和可爱的视觉效果，使人显得温顺俏皮。正如斜刷多是高冷的一线大牌采取的方法，日本服装品牌的发布会上，模特常常采取打圈刷的方法（日本妹打圈刷腮红的比例也更高）。

腮红既可以选择大牌腮红，也可以选择开架产品，各有不同的效果。相对来说，新手可以采取"选择一款大牌腮红在商务和约会场景使用、选择一款开架产品日常使用"的办法。

错误的腮红使用方法：

a. 脸颊上正圆形的两块：很多新手在使用腮红时，会把腮红打成正圆形，脸颊上正圆的两块，可爱是可爱，假也是真假。完美的腮红应该是能够修饰你的脸型，使你的脸看起来气色更好，但却看不出来你使用了腮红。两块正圆形的腮红往往一眼就会被人看出来抹了腮红，如果一不小心下手重了，那效果和猴屁股也差不多。

b. 猴屁股式：适当使用腮红能够使你整个人的气色提升一个档次，但是抹得太浓，只会让你显得可笑和滑稽。猴屁股式的腮红是绝对要禁止的！

为了避免腮红刷得过重，化妆时一定要在明亮的环境里。<u>很多人在昏暗的室内环境中化妆，容易下手过重，到了灯光明亮的地方或者太阳底下，就觉得妆画得太浓了。</u>

所以，一定要在明亮的地方化妆，宜家的化妆镜带灯光，很实用。化完妆站到窗边，在明亮的自然光下观察自己的脸，也可以看出自己的妆是否太浓。

PART1 我的内部形象打造工程

第9节 裸妆的秘密,是把每个细节和步骤都做到位

真正的裸妆,是把每个细节和步骤都做好的妆容。

现在"裸妆"这个词特别流行,如果你是彩妆博主,要是不发布点儿关于裸妆的教程,都不好意思见人。

事实上,裸妆并没有捷径,真正的裸妆需要你把化妆的每个步骤都做好,然后勤加练习(如图3-6所示)。

裸妆无他,唯手熟尔。

图3-6 哪里都美,但是嘴唇斑驳也是很毁坏形象的

裸妆最不可忽视的步骤,是要选对适合自己的产品(适合自己肤质的妆前是控油型、滋润型,还是防暗沉型;选对适合自己肤色的腮红色号;选对适合自己肤色的粉底色号),外加正确的上妆手法。

裸妆需要你把每个细节都做好,大到做好底妆的每个步骤,小到在擦口红前做好润唇保湿。

细节成就美女,细节也会毁掉一个美女的努力(如图3-7所示)。

图3-7　每个细节都完美才是我们的追求

不是用的产品少就是裸妆

很多女孩子认为裸妆就是用最少的彩妆品画出来的妆容。实际上并非如此,如果你化得不对,哪怕只擦了个BB霜,黑黄肤色偏选最白色,你看起来也会像戴了个面具一样,绝对和裸妆挨不上边。

裸妆真正的含义是"妆感轻",要做到这一点并不容易。

> 化妆能够放大你的优点,在一定程度上遮盖缺点(或者让人忽略你的缺点)。最重要的是,化妆能够通过光影变化造成不同的视觉效果。
>
> 比如,如果长脸想让人看着没那么长,可以通过横向打腮红的方法,来调整面部比例。
>
> 如果方脸想让人忽视下颌骨,可以通过在腮帮处打深色修容的方法,使腮帮在光线中隐没,颜色变深,视觉上下颌骨就变小了。
>
> 而有的女性眼皮肿,如果想使眼睛看起来没那么肿,选择大地色的哑光眼影扫在眼皮上,就造成了收缩效果。

化妆的本质:放大优点,遮盖缺点,用光影塑造不同的视觉效果。

为了让鼻梁和眉骨更立体,可以采取在眼窝和鼻梁两侧用深色修容打阴影的方法。而高光扫在额头上,也能让额头看起来更丰满,(如图3-8所示)。

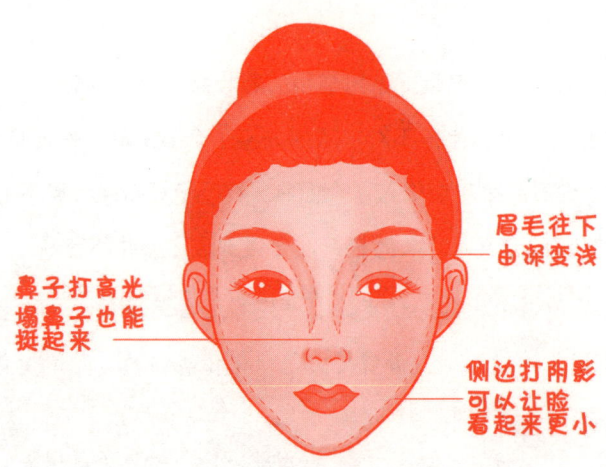

图 3-8 让脸部更立体的修容法

Part 2 我的外部形象改造工程

魅力进化论

我的形象管理手册

第4章
关于形象，时尚专家不会告诉你的真相

想要在人群中脱颖而出并不难，只要你穿得足够出位就可以，但是"出位"不代表好看、优雅、气质，还可能意味着不合时宜、用力过猛……你的整体穿着想带给人们什么样的印象？你肯定不想让别人看到你以后想：这个女人真夸张，穿的什么啊？这样穿不会不好意思吗？

你很努力地打扮，但是始终没办法使形象变得与众不同……事实上，你看起来和其他人一样，毫无特色，一言概括：庸俗。

是什么使你泯然于众人，如此庸俗？

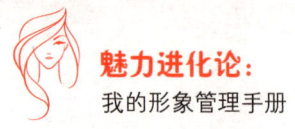

第1节 为什么你看起来有点"土"?

原因1 装饰过多

穿装饰过多的衣服会让人显得其土无比。装饰过多可以理解为:过多的褶皱、花边、蕾丝、绣花、亮片、荷叶边……过多的图案也在该范畴内。

浑身都是重点就等于没有重点。

而有些单品非常不适合有装饰,比如大衣、牛仔裤。那些装饰太多的大衣往往显得土气,而且不好搭配衣服。而牛仔裤加亮片、蕾丝简直恶俗。有的衣服当时看起来很闪,一激动就买了,但是买了之后就会后悔!什么荷叶边、绣花、蕾丝,甚至过分的收腰和蓬蓬的下摆都不适合这些单品,买了就是浪费钱。

事实上就衣服而言,只有剪裁,没有款式,包也是,没有任何额外的装饰,也会显得很别致。

有句话叫作"有款式的衣服毕竟不大方"。意思是说,过分设计、过分搭配的衣服,只会显出小家子气,要随意才好。

原因2 太过流行

很多女孩子会陷入一种误区,即按照时尚网站、时装编辑推荐

PART2 我的外部形象改造工程

的季度流行款式来穿衣服。比如，今年非常流行虎头卫衣，从大牌到淘宝，各种形态的大虎头或印、或绣在身上，第一次看见觉得很新鲜，看多了就会引起审美疲劳。

如果你一直追随流行，会给人留下没脑子、没主见的印象。还有每年的流行色、太空色、各种扎眼的玫红色、对比鲜明的颜色……第一眼看到可能觉得很好看，但是这种时尚是堆砌起来的，并不经看，也和优雅无关。

过犹不及的时尚分分钟就会过时。

想要穿着时尚又不显得土，抽象地体现时尚潮流是最好的方式。

第2节 没有质感的衣服是气质的死敌

1. 决定质感的是面料材质和剪裁技术

亦舒曾在她的书里这样形容人处境的落魄:"衣服的样式越来越新,款式都是最新的潮流,然而布料十分差。"简单来说,就是样子时尚但是没有质感。

何谓质感?140支衬衫和100支衬衫之间的差别是质感、精致细密的走线和松散杂乱的走线之间的差别是质感、低调亚光的面料和廉价闪光面料之间的区别是质感、PU和真皮之间的差别是质感、利落的剪裁和别扭的剪裁之间的差别也是质感……

一件衣服是否有质感是由很多因素决定的,其中起决定性作用的是衣服的面料和剪裁技术。

2. 西装、大衣和风衣请不要选择快消品

一些基本款的吊带可以购买快消品牌,非常划算,穿一季就扔。而那些非常需要质感的衣服,比如西装、大衣、风衣就不适合买快消品了。

衣服的样式新而质感差是十分可怕的,尤其是一些快消品。网上流传的一些快消品品牌的原单,图片看着漂亮新潮,穿到

PART2
我的外部形象改造工程

> 身上简直就是灾难……不是说这些牌子不好,日常散步、买菜、海边溜达是完全没问题的,然而上班穿就显得太寒酸了,更不用说更正式的场合了。

《绝望主妇》中女主角的风衣,一看就质地上乘,剪裁也非常合身(如图4-1所示)。一件质量极佳的风衣或大衣往往可以穿好几年,所以舍得投资是非常有必要的。

图4-1 《绝望主妇》中女主角的风衣

最好不要全身都是快消品,混搭大牌穿会好很多。

我们先讲一个总的原则:买质量好的衣服,只买对的不买贵的,也不要图便宜。

买那种可以带给你自信的衣服、可以和喜欢的人约会时穿的衣服。另外,千万不能只重视衣服的款式而忽略了颜色,只重视它的时尚感而忽视了质感。

第3节　你搭配过猛了女士

穿衣原则中的一条是：留有余地。不要 100% 地展示你的所有优点，否则过犹不及。

有些女孩会有这样的困惑：明明自己身材很好，纤腰长腿，品位也不错，穿的衣服能够充分显示自己的优点，为什么就是显得不高档？

配有水钻，也加有蕾丝，甚至时常大牌加身，但是看起来就是没有格调。

没有格调的原因可能就是：这位女士你搭配过猛了。真正的名媛不会展示自己 100% 的优点，你不会看到一个名媛露胸的同时露腿，露腿的同时露背……

如果我有 170cm 的身高，70C 的胸，64cm 的纤腰，超长的腿，穿超短裙、高跟鞋、露背装固然可以全面展示自己的优势，但是也把穿衣中搭配的趣味性降到了最低。

在精致中，请加一点点洒脱

如果你本身非常完美，穿着不妨随意一点儿，在精致的同时加入一点点的洒脱，让不经意的穿着藏住你的精明。如果你的优

魅力进化论：
我的形象管理手册

势是 100 分，不妨试试藏住 50 分，只露出 50 分。

不要浑身上下无一不是吸睛点，只有不够自信的人才恨不得时时刻刻黄袍加身。

藏住你穿衣的精明，既可以让同性喜欢你，也不会让异性面对你时感到有压力。

时尚领域中鼎鼎大名的贝嫂维多利亚永远以完美形象示人，这与她突出重点的穿衣风格不无关系。

即使我们做不了维多利亚，没有她的决心、信心和财力，也可以学习她的态度、模仿她的气场。

> 维多利亚曾说："如果你想同时做好所有的事情，那么最后往往一样也做不好。做事情一段时间只能有一个重点。穿衣服也一样，我永远都记得这一点。要有重点，不要突出一切。如果你的胸部特别丰满，那么请弱化腿部，反之也成立。如此，你会更漂亮，更自信，更舒服。比如穿迷你裙时，你是在炫耀双腿，那么就该让胸部低调点。相反，如果穿裤装，就别套上大低领上衣。"

穿衣有时候不需要尽善尽美，给你的穿着留一点儿遗憾，更能展示你的态度和格调。

如果你有优厚的本钱，想找一个有格调榜样学习，我推荐汤唯。汤唯的外表非常有女人味，长发陪衬着足够的身高，胸部不突出，但是反而惹人怜爱。一般这种长相的女性都会把自己往极致女人的方向打扮，但汤唯反其道而行之，她的私服往往在展示自己好身材的同时也显得十分率性，牛仔裤和平底鞋，配上松散的长发，显露出另类的美。

魅力进化论：
我的形象管理手册

第4节 一定要穿能够让别人产生好感的衣服

Question 1 为什么有些人穿的衣服就是不能让人产生好感

穿衣的基本法则是分场合穿衣和量体穿衣，这两个法则人人都知道，但是常常被忽视。很多人简单粗暴地把分场合穿衣分为工作装和日常装，但真正的分场合穿衣远不止这么简单……是什么场合？什么时间？什么地点？节日还是日常？正式场合还是休闲场合？

可能你的习惯就是日常穿得精致得体，但是这种精致得体也不是时时适用，比如爬山的时候，所有人都穿平底鞋背大背包，只有你穿高跟鞋拎着香奈儿，是不是太不合时宜？

> 不是精致打扮就是有礼貌。
>
> 某位太太被丈夫多次要求穿得随意一些，这位太太随时随地都穿得极度精致、一丝不苟。因为他们是工薪阶层，常常有一些聚会，即使是超过30℃的夜晚和同事们在夜市吃个烤串，她也要穿上丝袜、踩上高跟鞋、穿上紧身套装……这位太太困惑地上网发帖说：把自己打扮得精致一点儿有错吗？为什么丈夫的同事都不喜欢我？还在背后嘲笑我？

PART2

我的外部形象改造工程

不分场合的精致等于不礼貌,入乡随俗和因地制宜是穿衣的基本礼貌。

考虑穿衣时的天气、场合、要见的人、要做的事情,甚至考虑要见的人的好恶,都是着装需要注意的。

尊重别人,就是要穿能够让别人产生好感的衣服,达到这一标准才能谈时尚。

Question 2 如何根据场合选择着装?

女士着装有一个 TOP 基本原则。

这里的 TOP 并不是一个单词,而是由三个单词的首字母组成的。这三个单词分别是 Time(时间)、Occasion(场合)和 Place(地点),即选择穿什么样的衣服应该考虑时间、场合和地点三个因素。

1. 时间原则

男士一套深色西装就可以应对绝大多数场合,而女士则不行,在不同的时段对应的穿衣规则也不同。白天上班时应该穿职业套装,以显示专业性;晚上出去就需要增加一些装饰,比如一个有光泽的小配饰、一条好看的丝巾等。

衣服的选择还要与季节特点相符合。有的女孩在大冬天还穿超短裙,这样别人并不会觉得好看,只会觉得"你很期望别人认为你好看"。

2. 场合原则

衣服的选择要和所在场合相协调。同客户见面、参加重要会议等，应该选择正装；出席宴会则需要穿晚礼服或者中国传统旗袍；而同朋友聚会、外出旅游等就以方便舒适为主。如果周围人穿得都比较随意，只有你穿着礼服，就会显得非常奇怪；同样的，如果正式的宴会上你穿着随便也会非常显眼，同时也是对宴会主人的不尊重，有可能门口的侍应生都不会让你进门。

3. 地点原则

有客人来可以穿休闲装；如果去单位办事，那么穿正装比较得体。同时，穿衣还要顾虑当地的习惯和风俗，比如在教堂或者寺庙等地方，就不应穿太过前卫的衣服。

第 5 节　活色生香："不用香水，没有未来"

不用香水，就没有未来吗？

可可·香奈儿的名言"不用香水的女人没有未来"被广为流传。其实香奈儿女士原本说的是"用错香水的女人没有未来"。

不过，真的有人曾问我："真的不用香水，就没有未来吗？"

当然不是，这句话只是品牌的营销语。

但是恰当地使用香水，确实能够增加你的魅力，使你更加自信。每当我匆忙出门，因为没有时间仔细化妆打扮，而感到不自信的时候，能够让我产生自信的有两样武器，一个是唇膏，另一个就是香水。

唇膏可以使我的气色变得更好，而香水让我感觉好像拥有了一个小世界。香水是自我表达的工具，同时也是我们可以用来取悦自己的工具。

喷错香水是非常尴尬的

大多数女士都知道，不要涂苍蝇腿似的睫毛膏上班，也不要抹闪蓝色的眼影上班，但是香水适不适合可能就没那么好判断了。

我的建议是：买了香水后，多在网上看评论，看香水本身的

介绍、描述、香调表,甚至海报。它们会告诉你这款香水适合什么样的场合。

　　看香水的海报是了解香水灵魂的非常直接的办法,同时也是非常有效的方法。

PART2 我的外部形象改造工程

第6节 寻找自己的"签名香"

选择一款适合你气质,而且适合你绝大多数需要出席的场合的香水,作为你的签名香,是件非常有趣的事情。你可能需要在香海中遨游很久,才能找到你的那瓶香水,然后钦点它成为你的签名香,也有可能你运气很好,没有试过多少香水,就遇到了最适合你的那瓶真命之香。

签名香是人们最常从你身上闻到的味道,渐渐地,因为熟悉和好感,人们会习惯这个味道,并喜欢从你身上闻到这个味道。

我觉得那些拥有适合自己签名香的女士往往显得更加精致,但是签名香最好不要选择那些过于另类的香水。选择签名香最重要的是自己喜欢,其次是不要招别人讨厌。

那么问题来了,香水是给别人闻的,还是给自己闻的?

有位香水学家说:香水分为两种,一种是给别人闻的,另一种是给自己闻的。

给别人闻的香水,气味讨人喜欢、同时适合自己的气质。

而给自己闻的香水,气味是否讨人喜欢并不重要,关键是你喜欢,适不适合你的气质也无所谓!在这个范畴里,十七八岁的小女孩也可以用迪奥的真我,40岁的女士也可以用花漾甜心。

魅力进化论：
我的形象管理手册

一个折中的办法是，在需要严肃社交（工作、会议、办事）的场合，香水用"得体"的。

在不是严肃社交，比如和朋友聚会，甚至独处的时候，用你喜欢的香水。不必用一些条条框框限制自己。

我夜晚一个人加班的时候，通常会使用那些看起来并不适合我气质，但是我却非常喜欢的香水，比如 Serge Lutens 的孤儿怨。它的味道是焚香和麝香的结合，有人形容它是地下室长期不通风的味道，但是它却让我感到温暖和安全，所以在加班的时候喷一点儿孤儿怨，那缭绕的香气会让我感觉自己并不孤独。

而上班和见客户的时候，我就会使用特定的香水，我管它叫"工作香"，比如柔和典雅的玫瑰香和白花香气（茉莉、忍冬），我会选择在任何场合都不会出错的味道。

第5章
衣橱里的爱人：我的衣橱管理

女人有多爱衣服？

我的一位女友曾这样说：衣橱里的不是衣服，是我的爱人。

那么衣橱里的爱人们，是不是需要我们认真去管理呢？

大多数人购物都是"随心所欲"，想买什么就买什么。然而我认识的非常有个人魅力的姑娘，往往都具有"严肃的购物者"的特质。她们谨慎地对待购物这件事情，从分配预算到精简衣橱，都有自己的清单。

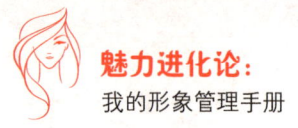

魅力进化论：
我的形象管理手册

第 1 节　分配预算的智慧：每个人都需要的基本款

衣服可以少买一点儿，但是要买好一点儿。

我个人认为购买衣服的钱应该分为两部分：用 80% 的钱去买简单的、适合自己肤色的、材质上乘的基本款，这样到了明年还能穿；用 20% 的钱买流行的配饰或者衣服，这样既可以让你看起来很时尚，又能保证当它过时的时候你不会心疼钱。

学会构建自己的衣橱。

1. 你衣橱里 80% 都应该是基本款

你的衣橱里 80% 的衣服都应该是基本款。对于在校的学生和对着装要求不太严格的上班族来说，基本款应该包括这些衣服（如表 5-1 所示）。

表 5-1　基本款清单

基本款清单	
衬衫 3 件	一件白色衬衫，一件黑色衬衫，一件格子衬衫。
牛仔裤 2 条	一条自然水洗略带磨白的浅蓝色牛仔裤，一条黑色牛仔裤，都不带任何装饰。
开衫 2～3 件	黑色、灰色、彩色的羊绒开衫。
吊带 3 件	黑白灰各一件。

PART2 我的外部形象改造工程

续表

基本款清单	
风衣 1～2 件	根据肤色,选择浅色风衣一件(如卡其色、浅灰色、米色),深色风衣一件(如黑色、藏蓝色)。
深色大衣一件	双排扣还是单排扣看个人风格,可以是藏蓝色、灰色、黑色。
浅色大衣一件	双排扣还是单排扣主要看个人风格,米色、驼色都是好选择。
浅色中长款羽绒服一件	相对于藏蓝色和黑色,浅色的中长款羽绒服是更好的选择,保暖而不显得邋遢。
修身羊绒薄款毛衣 2 件	领口较大搭配吊带穿。
围巾若干条	至少要深色、浅色、花色各一条,秋冬以羊绒材质为佳。

2. 质地和剪裁最重要

基本款的衣服最重要的是剪裁和质地,出色的剪裁能够很好地衬托你的身材,使你该瘦的地方瘦,该丰满的地方丰满。

剪裁应合身,肩膀、胸围和袖子是检验一件衣服是否合身的重要标准,切记不要购买那些看起来明显大一号,或者特别紧身的衣服。有些时候衣服略宽松会显得人悠闲从容,略紧身会显得人性感,但是基本款不在此列。基本款就是需要合身。

良好的质地会带给人愉快的视觉效果,看起来平整、细腻、洁净最好。

《广告狂人》中女主角的大衣,非常简单,没有任何多余的装饰,即使过去了这么多年,也完全不觉得过时(如图 5-2 所示)。

魅力进化论：
我的形象管理手册

图 5-2 《广告狂人》中女主角的大衣

基本款的颜色和款式越简单越好，不要有任何当季流行的元素和装饰，基本款是可以陪伴你 3～5 年的衣服。今年的流行意味着明年的过时，到时你还要重复购买。

好的基本款相当于你脸上漂亮妆面的底妆，越简单、匀净、高质地的底妆，越能衬托妆面的美。

PART2

我的外部形象改造工程

第 2 节 制定购物清单：如何衡量自己需要什么

每个季节的开始都是买衣服的理由，不过盲目购物并不是我们努力的目标。许多人评价一个女人会不会买衣服的标准，就是看她能不能以最低的折扣买到最漂亮的衣服。这一点我不算符合，虽然我也喜欢打折，但是折扣从来不是我买衣服的唯一理由，我会努力克制自己，让自己做一个冷静的购物者。对待购物要像夏天般热情，冬天般冷静。

> 制定一个购物清单，是有效控制自己盲目购物的有效方法。通常在每个季节开始时，我都会好好整理一下自己的衣橱，把准备穿的衣服按次序挂在衣橱中，这个次序通常是按颜色排列的，同色的衣服最好挂在一起。然后以此为基础思考我还需要什么样的衣服。

更好的办法是给自己每个季节要穿的衣服拍照，把照片编辑在一张大表格里，这样你对自己拥有什么样的衣服、需要什么样的衣服就会有一个更直观的了解。

1. 把自己最喜欢又拥有最多的单品划掉

根据自己已有的衣服，按照自己的风格和喜好，并适当参考当季的流行，如果你有太多白色的衣服，那么就应该提醒自己不要再购买更多的白色衣服了。有时候个人的喜好虽然值得参考，但是也常常造成盲目购物。比如，我非常喜欢小黑裙，每个季节的小黑裙加起来超过 10 条……当然小黑裙是多多益善的，但是有些需要穿正装的场合偏偏不适合小黑裙怎么办？（比如亲友们的婚礼，穿黑色的裙子出现明显是不合适的，白色也是这样。）

同样的，我认识一个女孩，她的衣橱里有十几条冷浅的薄款牛仔裤，光是淡蓝色的薄款牛仔裤就有六七条，小脚的、直筒的、破洞的、BF 风的……

如果你也是这样，那么你在整理衣橱时就需要冷静下来，在你的购物清单中把自己最喜欢又拥有最多的单品划掉。

经过这样的购物设想，可以大大降低你冲动购物的概率。

2. 把你需要又缺少的单品添上去

图 5-1 对比现有的衣服，思考你缺少的衣服

PART2
我的外部形象改造工程

参考第一节的基本款清单,如果你已经工作,工作又要求稍正式的着装,上述的基本款列表将会非常适合你,其中可能会有一些你缺少而又需要的单品。比如,春暖深的风衣、冷浅的半身裙、连身裙(如图 5-1 所示)。

那就是你需要购买的目标。

第3节　成为严肃冷静的购物者

1. 尽量自己逛街

如果你真的想买到适合自己的衣服，而不是只为了休闲，那么最好一个人逛街。

当你询问一个女人一件衣服是否适合你时，对方往往会考虑这件衣服适不适合她，所以常常会给出错误的意见。尽量不要和闺蜜一起逛街，除非对方品位非凡或者你确实很有自己的想法。

还有一个例外的情况，那就是你的闺蜜和你的风格很像，这时她的意见反而会变得客观。

2. 成为严肃冷静的购物者！

我个人认为，逛街的乐趣很大程度上在于"逛"而不在于买，逛街更多的是欣赏和了解。看看商店里的商品和店面设计，一些名品店的店面设计极具艺术性和美感。

即使钱包里的钱不够也不影响欣赏最高级的店铺，那种美感和时尚是不需要钱的……多看大品牌设计精美、精工细作的衣服有助于提高自己的审美，只有了解好衣服是什么样的，才能使你的选择有底，不至于降低品位。

多看，多思考自己的需要，慢慢就知道哪些是适合自己风格的衣

PART2 我的外部形象改造工程

服了。

购物虽然是一件很平常的事情,但是很大程度上你的购物方式也影响了你的生活方式——你如何分配金钱、如何合理预算、如何调度现有的资源,都决定着你会过上什么样的生活。

所以如果你不是钱多得花不完、世界上的名牌衣服任你挑,不如做个冷静、严肃的购物者,让你购买的衣服使用率最大化。

如果你对自己的品位没有信心,那么和你朋友中品位最好且非常了解你的那个人一起逛街。另外,她应该非常有主见,能够给你正确的意见。

让你犹豫不决的衣服果断放弃,只买自己100%想要的衣服,所以那些令你夜不能寐的衣服可以果断下手。

> 不要因为折扣、价格去买一件衣服,你买任何衣服的理由都应该是衣服本身,为了价格而买的衣服通常会被你压箱底。
>
> 按照自己平时挑选衣服的标准买就好,不要买全是Logo或者当季最流行的商品。如果当季流行铆钉,那么千万不要买一件全是铆钉的皮夹克,很容易过时,而且会给人一种"过分追逐时尚"的感觉。"时尚"和"追逐时尚"是两码事。
>
> 再好看的衣服也要试了再买,对于逛街来说是这样的,网购的话更要仔细研究尺寸,认真思考色差的问题。当你试得足够多时,即使一件衣服隔着电脑你也能揣摩出它的颜色、款式、尺码是不是适合你。
>
> 最后,所有的牛仔裤和西装裤都需要试穿。

魅力进化论：
我的形象管理手册

第4节　给衣橱做减法：衣服太多，很难优雅

常常听人说："女人的衣橱里永远少一件衣服"。这句话深刻表达了女人对衣服的喜爱和构建衣橱时的盲目性，无论你衣橱里有多少件衣服，但在很多时候，你打开它却无法找到最合适的衣服。

真的如此吗？当你打开衣橱，却感到没有合适的衣服时，往往不是你的衣橱少了一件衣服，而是你的衣橱里让你眼花缭乱的衣服太多了。

1．问自己两个问题

可以问自己两个问题：

第一，你是不是买了太多衣服？

第二，你是不是买了太多一样的衣服？

如果你拥有太多的可选项，你一定会在各个选项间游移不定，衣服太多也是一样。有个著名时尚专家说："美国人衣橱里的衣服实在太多了，让人疑惑他们怎么能穿得优雅得体。"

我认识一些很会穿衣服的姑娘，她们的衣橱往往整齐有序。衣服贵精不贵多，那些缺乏个人特色和风格的姑娘会让衣服塞满自己的衣橱。

2．你的衣橱需要减法

你的衣橱需要做的是减法，而不是加法。<u>一个颇有气质的姑娘，会遵循衣橱"能量守恒"的原则：每当她买一件新衣服，就从衣橱</u>

PART2
我的外部形象改造工程

里剔除一件旧衣服。

她说:"一个人能穿到的衣服是有限的,太多的衣服会影响我的选择和穿衣风格,只有买一件替换一件,才能警告自己谨慎而愉快地选择衣服。"

每个季度我都会集中几天时间把自己的衣橱整理一番,把穿不到的过季的衣服整理之后送去干洗,等洗好后收在盒子里或者放在防尘压缩袋里,等明年再拿出来穿,那些不喜欢或不想再穿的衣服就干脆送给别人。

亦舒的文章中,有这样一段关于衣服的论述:

许多四季衣服多得衣橱挤不下的人老抱怨没有衣服穿。真奇怪。一直觉得自己衣服多,且精,又漂亮,常为此得意洋洋,十分满意。

数一数,质与量其实与好此道者简直没得比,只不过长短大衣三五件,一些毛衣,几条长裤,以及若干衬衫,大部分可以扔进洗衣机,容易打理,幸亏穿上还算整洁美观。

另外,有三双添勒兰平跟鞋,一双半跟上街鞋,一只黑皮手袋用得毛毛,被友人含笑道"该添新的了",从善如流,置了两只新的,外加一只牛仔布书包,但觉整套武装,式式齐备。亲友均可证明此言不虚,因从不赴宴,更是一件晚装也无,唯一不能舍弃的,乃净色凯斯咪毛衣。

也不是一开头就这样,当年赴英国,行李带七件大衣,还要再买,弟弟摇头太息作孙叔敖状说:"那么爱穿,功课不及格有什么

魅力进化论：
我的形象管理手册

用？"真如当头棒喝，那时还真交不出功课来：稿子写得一塌糊涂，学业未成，又没有家庭，就差没借当赊，羞愧无比。

一个人的时间用在什么地方，是看得见的。

我这里还有一些小窍门：

● 你的衣服必须建立在个人整体状态的基础上，如果没有芭比的完美身材、雪白的、肤色、公主的气质，那么就不要选择公主装，适合自己的才是最好的。

● 除了自身条件，工作和生活的状态也要考虑，同一个人在学生、上班族、全职主妇等不同状态下，装扮也是不同的。

● 再适合你的晚礼服、小黑裙也不适合上学穿，再漂亮的白衬衣、西装裙也不适合带孩子穿。

● 你的衣橱要由你的日常所需决定。衣服始终是为人服务的，实用是根本。

● 不要随便买衣服。人们随意买衣服的理由可能是：随便穿穿玩玩、这么便宜就买了不喜欢可以扔……

● 如果说穿衣打扮是你的乐趣，那么使这种乐趣长久保持的方法就是用严肃的态度去对待它。衣服与玩具的不同在于它具有使用价值，能体现你的趣味和审美。

● 还有人觉得"买衣服本身就是乐趣，想买什么就买什么就是最大的乐趣"，但是多整理、审视你的衣橱，可以使你看清楚自己的现状和需要，冷静的购物并不是要求你压抑自己。

第 5 节　每个季节 20 件衣衫足够

1．你需要 10 件基本款

每个季节你最好能把衣橱内的基本款精简到 10 件以内。

比如，春夏你可能需要几件纯色的大圆领的衬衫，分别是灰色、白色和黑色；清爽的真丝衬衫 3～4 件，以白色、灰色为主；黑色连衣裙 2 条，1 条短袖，1 条无袖；白色连衣裙 1 条；纯色半身裙 2 条，最好一条是铅笔裙，一条是 A 字裙；9 分裤两条，一条白色，一条黑色。

2．还有 10 件"签名款"

除去这些基本款，每个季节可以根据自己的喜好、风格和工作状态添加一些"个人化单品"。比如，超爱连衣裙的可以添加几条连衣裙，衬衫控可以添加几件经典款衬衫，但是这些个人化风格的单品每个季度最好不要超过 10 件。太多的选择会令你的衣橱大而无当。

相信我，20 件衣服绝对足够让你在整个季节都保持新鲜感。<u>这些衣服都是你精心挑选的，都是你最喜欢的衣服，这样你每天早晨打开衣橱时都能在很短的时间里拿出合适的衣服。</u>

而当你不知道穿什么时,可以直接拿出基本款来穿,简单而品质精良的基本款,要比胡乱搭配出来的着装强很多。

再喜欢的衣服如果尺寸不再合身、褪色,甚至坏掉,也要毅然淘汰。没有一件衣服可以永远陪你,保存不能穿的衣服是没有任何意义的,只会占用你衣橱的空间。

而那些多余的、不是很喜欢的衣服,可以暂时收起来,不要让它占据你触手可及的空间,喜欢的衣服和不喜欢的衣服混在一起只会让你在忙碌的早晨更加迷茫。

多给自己的衣橱做减法,断舍离的智慧就在于此。

学会利用你的基本款,能够让你的搭配变得更有效率,还能降低你冲动购物的欲望。

第 6 节　品质与钱包之间的权衡

> Question 1　购买大牌的正确态度是什么？

对于服装来说，一分价钱一分货永远是真理。大牌服装必然比普通街牌要好，但是追求衣服的品质并不意味着要追求名牌。

买大牌的正确态度是：**那件衣服、包包、鞋子本身的美丽吸引了你，它的质感或者颜色打动了你，而不是它很火、它是大牌、今年很流行。**

好品质的衣服，除了要有精良的布料、上乘的剪裁、出色的设计之外，还需要能经得起时间的检验。有的设计非常吸睛，比如某年流行的羽毛装、下摆的长流苏、满身的 Logo……但是它们经不起时间的考验。

大品牌的衣服，最重要的不是它的 Logo，不是别人一眼就能看出它是什么牌子，而是它本身具有的独特气质。当你想要购买一件好衣服时，首先要看看它是不是拥有自己的气质、具备不过时的实力。

> Question 2　哪些单品适合买大牌？

有一些单品特别适合买大牌：外套、包包和裤子。它们都属于不需要常常更新的款式，一件往往可以陪伴你好几年，它们在你的

魅力进化论：
我的形象管理手册

着装中起着决定性的作用，外套、包包和裤子的品质上去了，可以使你的整体段数提高。

1. 外套

一年之中你需要的外套不会超过10件，其中必备的单品只有五六件。以我自己为例，冬天的大衣有两件（浅色和深色各一件），春秋天的风衣两件（一件米色，一件深色），还需要一件黑色西装。这5件衣服绝对值得你投入金钱购买最好的，精挑细选到最适合自己的为止。不过外套想要不过时，需要满足两个条件：首先，它要能够适应你体型小幅度的变化，绝对不能紧紧地裹在身上，肩膀要合适，整体略宽松最好。

其次，它最好零装饰，任何的花边、剪裁花样、修饰都是不需要的，越简单越好。

2. 裤子

裤子占了全身着装的1/2，没有理由不慎重对待。如果你的裤子不合身，明显的松松垮垮（是指不合身的松垮而不是BF风），或者紧紧地裹在身上，即便你背着再大牌的包，看上去也不会优雅。你不需要很多条裤子，你只需要几条"好"裤子。我认识一些人，她们热衷于买一样的裤子，这些裤子通常都非常廉价，而买这些廉价裤子的钱加起来足够买几条好裤子了。好裤子的面料很舒服、看起来很漂亮，合身的同时还能修饰你的体型。你至少需要一条修饰腿型和屁股的蓝色牛仔裤和一条剪裁出色的黑色西装裤。它们和小黑裙一样经典，可以应付一切正式、非正式的场合。除了你做瑜伽和跑步时穿的裤子可以买品质稍差一些的，其他场合请你拒绝廉价货。

3. 鞋

有部电视剧中有这样一句台词："每个女人都需要一双好鞋，带你去想去的地方。"一双得体的鞋子对整体的穿着能起到画龙点睛的作用，有时候一双鞋能够决定一身装扮的气质，同样的套装，配着平底鞋是优雅的气质，配尖头的高跟鞋则显得妩媚干练。你不需要所有的鞋都买最好的，有几双品质精良的鞋即可，但除非是夏天的凉鞋，否则不要买PU的。如果你已经拥有了好品质的大衣和包，剩下的预算投资几双好鞋是非常划算的。你至少应该拥有一双高档的、没有任何装饰的黑色亚光高跟鞋。

4. 包

一个好包并不会让一身随便的装束显得高档，好包并不能承担改变你气场的重任，但是如果你的着装已经超过70分，那么一个适合你气质的名牌包可以把你的打分提升到80分。包的作用只有画龙点睛，但是我认为包仍然值得你大力投资，它的点睛作用很重要。

买包时应慎重买季节款，喜欢买包的都知道流行款、设计师合

作款常常过时得很快。明星常常换包,所以她们拿最新款的包没关系,但是普通人买包最好买经典款,经典意味着不易过时。

你也许不能全身都是大牌货,但是对于普通白领丽人来说,在外套、包包、鞋子、裤子上投资一些好品牌的货色并不是无法承受的。其他的单品可以购买相对便宜的,但这几种单品直接决定你的整体着装品位。

第 7 节　她的秘密都在包包上

在我看来，没有什么能比一个女孩提的包更能显示她的喜好、追求、情趣和性情的了。一个女孩子的秘密，都在包包上。

买包要避免一时冲动，要有明确的目标和计划。哪怕大学毕业之后一年只选择一个包，那在 30 岁之前，也已经有了能够应付各种场合的包包了。

对于女孩来说，一个好的包包是出门必备品。对于包包有一个说法：你的衣服可以很普通，但是你的包包必须要精挑细选，一个好的包包能够让普通的你瞬间亮起来。

包包就是这么重要！但是如何选择包包呢？

一般情况下，女孩们使用包包是在以下几种场合。

上学或者上班

在这两种场合里，包包更多是拿来用的，这时包包的选择注意要款式低调（太过高调容易引起周围同学或者同事的反感）、质地结实（推荐牛皮，耐用）、颜色好搭配（黑色是永远的经典色，咖啡色也十分好搭配）衣服和容量够大（至少能够装下 A4 纸）。

实用性的包包可以购买两个，以便搭配自己不同风格的衣服。强调一下，两个就足够了，没有必要买太多。多数情况下包包的品

魅力进化论：
我的形象管理手册

牌是十分重要的，但在上学或者上班时却可以忽略这一点，你不用选择一线大品牌的包包，但是包包的外观和做工要讲究（选择三四线的品牌也可以，但千万不要用仿冒品）。

逛街和聚会

出去逛街和参加朋友聚会。这两种场合使用的包包更多的是给别人欣赏的，所以选择包包时可以考虑如何突显自己的特点，经典款、潮流款都可以。包包大小适中，有较高的识别度最好。当然，如果你习惯低调也无所谓，总之这时对包包的选择非常自由。

这种包包可以多准备几只，至于选择什么样的品牌需要根据个人财力而定。

外出旅行或者远足

如果出去旅行是休闲式的，那么选择包包时可以参考逛街和聚会时选择包包的方法。如果是运动远足，那么可以选择斜挎包，这时包包的质地就要仔细考虑了，皮质的是耐用，但是外出免不了沾上水、被划伤，这要引起注意。

约会、重要聚会和酒会

约会，参加重要聚会、舞会或者酒会等，这种场合使用的包包应该是最贵的包了，比如 Chanel 的链条包、爱玛仕的 Kelly（Birkin 非常合适，但是普通老百姓一般用不上）。如果财力有限，可以选

PART2 我的外部形象改造工程

择一款设计精致的皮包,手提或者用单肩背都合适,它可以用在约会、参加公司酒会等场合。去听歌剧或者参加那种需要穿着晚礼服的舞会时就需要用手拿的包,质地选择缎子或者皮质的都可以,不需要是一线品牌或者价格昂贵的,但是做工一定要精致。

从上述所说的4种包包的使用场合可以看出来,准备7个包就可以应付日常各种需求了。(上班、上学准备两个,出门逛街、同朋友聚会准备两个,外出旅游准备一个,约会准备一个,再加上一个手拿包)。如果我们选择的包包都是大品牌的经典款,那么一个包包用10年以上应该没有太大问题。

一提起大牌包,很多人第一反应就是太贵。实际上并不是这样的,这么一说可能有人就要吐槽了,但我这么说是有理由的,下面就给大家说说我的理由:

一个包包的实际价格,可以通过一个公式计算出来,即包包的价格除以使用的次数,就是你每次使用包包的花费。算出了这个数字你就知道你的包是不是真的贵了。

现在我们可以回想一下,你是不是购买过很多便宜包?这些包包都用了多久就被你搁置一边了?这些被搁置的包包是真的旧得无法使用了,还是因为你看上新的包包所以抛弃了?

从另一个方面来看,名牌包也可以当作一种资产,就像单反相机镜头一样。

魅力进化论：
我的形象管理手册

> 　　一个好的包包能够大幅提升你的自信，特别是在一些特殊场合，比如参加同学聚会（不用掩饰自己的虚荣心，爱美之心人皆有之，实际上爱美之心也算是一种虚荣心）、参加高档晚会，去旅游……这时有一个容易被人认出同时款式非常低调的包包，绝对能够增强你的气场及自信，同时对于一些较为势利的人也是强有力的打击！

　　对于一个女孩来说，如果化妆及服饰都已经过关，那么我强烈推荐再选择一款好的包包。

第6章
找到适合你的风格：5种基本女性类型

你的个性决定你的气质，你的气质又决定了你的风格。当你身边所有的人都说"你身上穿的衣服一看就是你的衣服"时，你的风格就形成了。

最好的风格是"融合"，你和衣服相得益彰、浑然天成、天衣无缝。再也没有比穿错衣服更可怕的事情了。

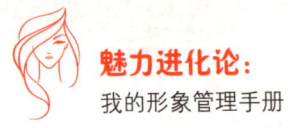

魅力进化论：
我的形象管理手册

第1节　个性型：英气潇洒的中性女和温柔洁净的自然女

对于个性型的女孩来说，衣服就是她最好的名片，衣服会直接告诉大家"我是这样的人"。衣服完全展示了她的性格、情趣和审美。

个性型的穿衣分为两种：一种是英气潇洒型，一种是自然主义型。

1. 果断的你：英气潇洒型

如果你的性格干脆果断、雷厉风行，带有男孩子一样的英气，同时又带有一些奇妙的小性感，这个风格会很适合你。

需要注意的是，英气男孩风是需要一定的身高衬托的，低于168cm可能不会有很好的效果，最好是168cm以上、偏瘦、平胸。

这个风格需要的是一些有设计感的衣服，以简洁利落为主，同时有一点儿另类。

喜欢这类风格的女孩绝不会随波逐流，她们往往特别独立，有自己的个性，这种性格可通过她们的衣服传达出来。

但是标新立异也是需要一个度的，需要注意整体的搭配。

2. 崇尚自然的你：自然主义型

我其实非常推崇自然主义的服装风格，简单来说就是洁净和舒

PART2
我的外部形象改造工程

适，自然主义因为合体、简单，反而显得很纯真。

秋冬以舒适的套头毛衣为主，裙类最好不要及膝的（及膝裙具备着成熟、优雅、干练的气质，相对来说更适合上班族）。

衣橱里的基本款可以是衬衫和套头卫衣，但是注意不要有太大的 Logo，谢绝卡通图案。

对于学生党来说自然主义风格的裙子就是到大腿中部的裙子，或者迷你裙，或者长裙，多为棉麻布料或者牛仔布料。

以上的风格可以交叉混合，但是最好不要在自己身上体现出多于两种的风格。不然，你以为的趣味很可能会变成混乱和失去自我，你可以选择两个方向来走，但是千万不要每种风格都插足。

第 2 节 舒适型：SOHO 族或者全职主妇

我有很多 SOHO 族和全职主妇的朋友，很羡慕她们不用上班，自由自在。她们或以创意型的工作为主，或作为全职主妇在家。她们穿衣服的主要诉求就是舒适，如果你也是 SOHO 族或者全职主妇，那么建议你采取舒适型的穿衣法则（如图 6-1 所示）。

图 6-1 《绝望主妇》中舒适型穿衣典范

对于全职主妇或者不需要通勤上班的自由职业者来说，舒适性在她们的着装要点中就显得比其他人更加重要。

PART2 我的外部形象改造工程

当然,你的风格可以不仅仅局限于舒适型,舒适型的衣服在家时穿,外出时可在其他类型中选择一种自己喜欢的风格。

舒适型的穿衣相对来说比其他类型更简单,基本款的棉质衣服最适合舒适型不过。

1. 舒适型的穿衣要点:善用基本款

善用基本款,比如,全棉的 TEE 或者柔软材质的衬衫做内搭,外面可以酌情加开衫、外套,选择面料柔软且不易皱的材质。<u>牛仔裤和卡其裤都可以作为基本搭配,裙装则主要选择棉质或者亚麻,传达出随意优雅的感觉。</u>

宽松为主要诉求,紧身短小的裙子不适合在家工作或者带孩子。

在不睡觉的时候,就把睡衣脱下来,或者换成全套真丝的吸烟装类型的睡衣。

需要出门时,则可以选择更加优雅和正式的风格。

2. 不要因为不出门就不修边幅

在家无论是工作还是照顾家庭,特别容易发生的情况就是变得不修边幅。因为在家没有人会看到,所以怎么随意怎么来,怎么舒服怎么来,甚至有的主妇一身睡衣可以连续穿好几天。

这样固然很舒服,但是并不会令人快乐。

> 我有一个很有才华的朋友就是在家工作,在她成为 SOHO 族之前,每天高跟鞋、套裙、全妆毫不含糊,整个人也非常自信。

魅力进化论：
我的形象管理手册

> 但是在家工作之后，虽然收入并未降低，但是她的自信度却降低了。据我观察，这和她在家总是不修边幅有很大关系。不用上班，也不需要见客户，她把套裙都收了起来，套上睡衣套装，或者瑜伽服、运动服。总之，每一天都如此，毫无变化。
>
> 那些日子，我们一见面，她就会抱怨快递员和送外卖的人员没有礼貌，瞧不起她。
>
> 我觉得很好笑，就劝她说："人家怎么可能看不起你呢？可能是因为你的打扮无法给自己带来自信吧！"
>
> 她若有所思地点点头。
>
> 后来我再去她家，发现她的穿着很好看，宽松 Oversize 的棉质衬衫，下身是卡其色的短裤。露出好看的手腕和细白的长腿，非常随意的性感。
>
> 她穿得美丽了，精神状态也好了很多。

某部电视剧里说："变得美丽，人也会变得坚强。"

确实，美丽带来自信！

第 3 节　知性型：理性且安静的智慧女

简单来说，知性型可以分为两种：一种是中性优雅型，另一种是简单知性型。

1．中性优雅型

中性和优雅就是这一类性格的女孩适合的衣服，上装主要由基本款组成，剪裁直线条偏中性。白衬衫也有不同的性格，这是当然的，圆弧领相较尖领女性气质更浓郁，同样剪裁合体的白衬衫是否有收腰设计也是决定中性化与否的重要细节。

对于下装来说，最好能够突显优雅和女性化的气质。中高腰的裤子是个好选择，合体直筒的裤子若是中高腰，能够让你的腿看起来更长。

这一类型的女孩，夏天的基本装扮是白衬衫配半裙（略包臀的直身裙，而非百褶 A 字裙）、套装裙，冬天则是圆领毛衣配半裙或者长裤，外套以羊绒类大衣为主。

美剧《傲骨贤妻》中的女主角是一位律师，她的着装以套装为主，符合人物的职业特征，突出了知性和专业的特质（如图 6-2 所示）。

这一风格的主要诉求是经典，衣服的选择都是经典款，不追求夸张出彩的设计，打造个人风格更多的是靠鞋子、包、丝巾等配饰。

魅力进化论：
我的形象管理手册

图 6-2　美剧《傲骨贤妻》中女主角的着装

手表是很适合这一风格的饰品。

有时候喜欢中性优雅风的姑娘很容易走向男性化，所以<u>为了中</u>

和这种男性化的气质，需要在细节上突出一些女性化的元素，比如，鞋子和配饰，或者发型。

> 有很多工科女都是这一类型，她们比较安静和理性，性格独立，不太追逐潮流，格外偏好中性同时又能体现优雅品位的衣服，比起张扬的设计她们更喜欢总体优雅、细节别出心裁的设计。

2. 简单知性型

简单知性型的着装以基本款为主，但是比优雅中性型更加女性化，浅色系、大地色的西装，颜色清淡的衬衫，都是简单知性型适合的，比如日剧《朝5晚9》中女主角的着装（如图6-3所示）。

图6-3　日剧《朝5晚9》之上班

魅力进化论：
我的形象管理手册

日剧《朝5晚9》中女主角的职业是英语教师，她的穿着非常符合她的职业特征。上班时多穿衬衣、小西装、风衣、大衣等出现，此外她还擅长用颜色、配饰、发型及妆容来营造女人味（如图6-4所示）。

图6-4 《朝5晚9》剧照

PART2
我的外部形象改造工程

下半身可以穿一步裙、A字裙，裤装可以选择西装裤、阔腿裤，配上高跟鞋是非常优雅好看的（如图6-5所示）。

图6-5 日剧《朝5晚9》的裤装示范

而在日常约会等场合，可以穿纯色的剪裁简洁的服装，辅以简单的装饰，看起来也非常柔和美丽（如图6-6所示）。

对于这一风格来说最重要的就是衣服的质地，冬天的首选是羊绒、羊毛类衣物，夏天的首选则是真丝和西装料。

图 6-6 《朝 5 晚 9》之日常

第 4 节　权威型：位高权重的"女强人"

只有少数人适合权威型

只有少数人适合穿权威型的着装。权威型着装既正式又商务，但是比正式和商务更重要的是，这种着装代表了地位。它就像战士的盔甲，辅佐战士在战场上冲锋陷阵，征服敌人。

具有较高社会地位的人才适合权威型着装，比如大公司的领导者、董事会成员、高级管理者、政治家以及公务员中阶层较高的领导等。代表行业是金融、银行、法律、财会等。

在美剧《纸牌屋》中，第一夫人克莱尔的着装就是典型的权威型着装，即使在她成为第一夫人之前，她的着装也非常沉稳、冷静、精准，像战士的盔甲一样包裹在身上（如图 6-7 所示）。

她的着装没有任何多余的装饰，剪裁合体的套装裙，长度刚好到膝盖（这也是上流社会女性的典型裙长），黑色的高跟鞋（但不是细高跟，这个高度和形状很巧妙，再高 1cm 或者高跟鞋的跟再细一点儿，人物就不再严肃冷酷）。

真正的权威型着装要点如下：

要点 1：颜色

除了酒会和宴会，只穿黑白灰（酒会和宴会上也是以黑白灰为

主),任何彩色的服装都是不够高级的。在黑白灰中更倾向黑色和灰色,浅色是不够权威的。

图 6-7 克莱尔的典型印象

要点 2:款式

工作场合穿套装:上身穿白衬衫,下身穿西装裙或西装裤。

注意克莱尔的白色衬衫,没有任何花边、蕾丝等多余的装饰,冷静、中性是它最大的特点(如图 6-8 所示)。

克莱尔的另外一张工作照,穿的是毫无装饰的浅蓝色衬衫,这是在任何一家服装店都可以买得到的款式,但是材质上乘。

严肃的黑框眼镜传达出人物的感情冷静、理性的特质。唯一的配饰就是手上的金属腕表。

PART2
我的外部形象改造工程

图 6-8　克莱尔的白色衬衫

注意克莱尔的手机,白色的 iPhone,没有任何多余的装饰物。这个细节非常有趣,我认识的很多权威人士的手机没有包括手机壳在内的饰品。手机也和主人一样,不需要多余的配饰(如图 6-9 所示)。

在正式场合中,权威型只穿连衣裙,或者上下装同样材质、同样颜色的套装裙、套装裤,着装风格经典且永不过时。

正式场合永远不要敞怀穿外套。

所有的衣服都是直线条的,没有蓬蓬裙、过分 S 形的款式。

要点 3:配饰

只使用黑色或者灰色的包,样式要简单,摒弃任何装饰。正式场合只使用材质硬挺的包（如图 6-10 所示）。

图 6-9　克莱尔的淡蓝色衬衫

PART2
我的外部形象改造工程

图 6-10　克莱尔的包

黑色的连衣裙配黑色的定型包，整体非常简洁。

衣服和包上都没有额外的装饰，首饰也是简单低调款，没有任何过分的、华丽的装饰。

身上没有任何累赘的装饰物（比如飘带、蕾丝）。

克莱尔穿着灰色的连衣裙，选择的配饰是细细的珍珠项链和黑色的腰带，整体看起来既优雅，又有距离感（注意坐姿）（如图6-11所示）。

图6-11　克莱尔的珍珠项链

此外，白金首饰和细巧的钻石首饰也是可以的，但都要是简单款，不会在身上叮当作响。在酒会、宴会以外的场合不佩戴坠式耳环，任何会在身上摇晃的款式都是不受欢迎的。

要点4：材质

所有的衣服材质都非常稳重，没有雪纺、纱料等飘逸、薄透露的材质。

PART2 我的外部形象改造工程

衣服的材质绝对不能容易起皱。

哑光质地为佳。除了宴会场合不穿非哑光的材质,如一定要非哑光的材质,则只要真丝和绸缎。

克莱尔所有的连衣裙都像是兄弟姐妹,材质全是哑光的。

要点5:发型

整齐、严肃,没有大波浪等款式。克莱尔是短发,很好地去性别化(如图6-12所示)。

图6-12 克莱尔的发型

以淡妆为主。弱化性别感是权威型妆容的主要诉求,因此权威型不会抹大红唇,也不会用嫩粉色。

魅力进化论：
我的形象管理手册

第 5 节 少女型：浪漫且甜美的优雅少女

比中性优雅多了女性化风格的是少女优雅风，这一风格多了少女元素和线条，比如荷叶边、彼得潘领，线条更圆润的连衣裙等。

一些坠饰和细带、蕾丝、绣花、植绒等元素也是少女型的标志。

美剧《绯闻少女》中的 Blair 是这一风格的典型代表，但是她的装扮在电视剧中看着尚可，现实中可借鉴性不高，换句话说，这种着装需要非常美的脸来支撑（如图 6-13 所示）。

图 6-13　《绯闻少女》中 Blair 的着装

PART2
我的外部形象改造工程

这一风格需要注意的是"过犹不及",很容易因太过而演变成名媛风,如果搭配不好或者衣服品质不好,名媛风是很容易显得过时的。走这一风格是绝不能省钱的,无论是女性化的剪裁,还是蕾丝、荷叶等元素,都需要品质的衬托。

比如这张《来自星星的你》的剧照,全智贤的这身打扮就是典型的少女优雅风,看起来精致浪漫,因为做工精良,所以没有丝毫的廉价感(如图6-14所示)。

图6-14 《来自星星的你》中全智贤的装扮

把少女优雅风的衣服和中性风配饰混搭是个好办法,注意如果上衣太女性化,下装就尽量简洁大方。

不要用薄纱搭配雪纺,上衣或者裙子可以是薄纱或者雪纺,但是除了连身裙,不要全身都是雪纺配薄纱,不然会看起来太过日系而给人轻飘飘的感觉,换言之会显得没有气质。

魅力进化论：
我的形象管理手册

太过飘逸的衣服适合度假游玩穿，但不适合日常穿。

在少女优雅的同时尽量做到简洁利索，这一风格还需要注意的是，不要使用廉价配饰，各种雪纺、大花、塑料的配饰能省则省。

最适合这一风格的首饰是白金，细细的白金首饰可以使飘逸的服装风格显得高档稳重。

到了一定年纪（比如过了 30 岁，显年轻的可以放宽到 35 岁），就可以从少女优雅型往成熟优雅型或者知性型过渡了。

成熟优雅型比知性型更多了一些女人味。

第7章

扬长避短的分体型穿衣法

很多人问我：身材有缺陷，怎么穿衣服才能弥补呢？

在生活当中，你多加观察就会发现：身材能称作完美的人并不多见，大多数人的身材都会或多或少有些不足。

与其总是采取遮遮掩掩的方式规避自己的不足，不如将他人的注意力从自己的不足之处转移到能够突出自己优势的地方。

第 1 节 梨形身材的穿衣法

梨形身材是指上身小下身大的身材,人们很容易将梨形身材同沙漏形身材弄混,事实上我们通过两种实物很容易区分这两种身材,沙漏是上大中间细下又大,而梨是上面小,下面大,其实很好区分(如图 7-1 所示)。

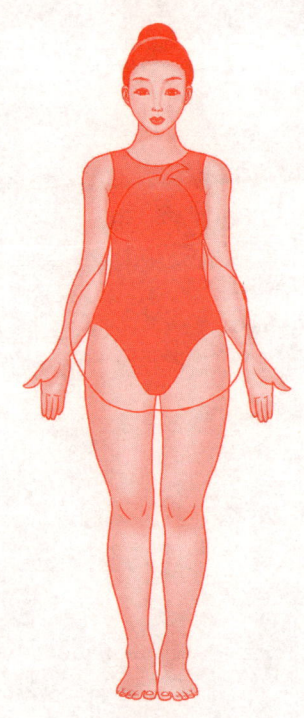

图 7-1 梨形身材

1. 把注意力吸引到上半身

梨形身材选择衣服需要考虑的是将上半身的宽度加大，让上下身材比例平衡。

上衣可以选择稍低胸的款式。锁骨和胸口露出可以让人从视觉上觉得上半身的宽度更宽，并且将目光集中到胸口，从而忽视下半身的身材。

相反的，梨形身材如果将胸口和锁骨都包裹起来，会使缺陷更加显眼，这样做显然是不明智的。

一字领、V领的衣服都是梨形身材的不错选择。

在配饰的选择上，较为夸张的项链和耳环等都可以。

如果梨形身材的人想要穿夹克样式的衣服，那么需要注意的是衣服的长度，衣摆最好不要刚好到下身最宽的位置，这样会将下半身的缺点放大，使整体身材显得比例失调。

另外，上衣最好选择一些下摆有一点儿向下的弧度的，长度则刚好到臀部的位置，这样能够让你的臀部看起来比实际上小一些。

2. A字形裙、有一定蓬度的裙子是最佳选择

关于下半身的服饰，A字形的裙子、具有一定蓬度的裙子是最佳的选择。避开那些凸显臀部的裙子，比如包臀裙之类，这种裙子会让你的臀部看起来更大。

裙子长度的选择，以到膝盖或者稍微向上一点为最好。

总的来说，梨形身材的姑娘要将穿衣重点放在上半身，锁骨和

胸部都可以适当地露出, 以吸引注意力,而下半身则尽量低调,多穿 A 字形裙子。

　　肩宽的话可以选择一些能够修饰肩宽的服饰,不要选择灯笼袖的上衣,不要选择吊带。身高不够可以选择高跟鞋,穿裙子或短裤,长度应在膝盖或者稍微往上的位置,长裤应该选择宽松型,长度则以盖住脚面和鞋跟的 1/2 为最合适。

PART2
我的外部形象改造工程

第 2 节　苹果形身材的穿衣法

梨形身材讲完就是苹果形身材了。苹果形身材是指上半身明显大于下半身的身材,像个苹果一样上大下小。苹果形身材通常有着纤细的双腿(如图 7-2 所示)。

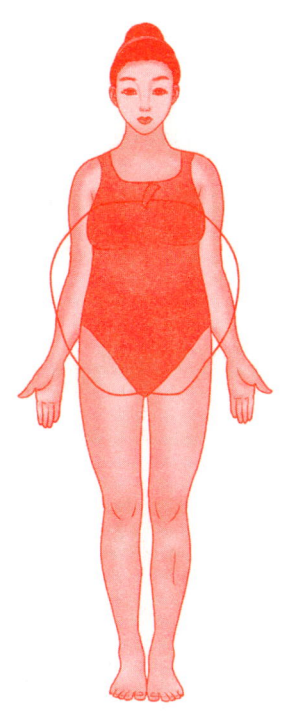

图 7-2　苹果形身材

魅力进化论：
我的形象管理手册

1. 苹果形身材：请把注意力吸引到下半身

先说苹果形身材的穿衣宗旨：上半身足够简约，重点放在腰部和臀部的曲线打造上，突出下半身。

苹果形身材同梨形身材刚好相反，上半身较大，而下半身同上身相比较为瘦小，没有曲线。很多苹果形身材的人看起来没有胯，胯部相对全身来说太窄。

所以，苹果形身材的人穿衣需要注意的是，增加自己下半身的曲线以及视觉上的宽度。

将腰部凸显出来，这点对于苹果形身材的人来说非常重要。各种类型的皮带或者蝴蝶结都可以选择。

一些长度到臀部或者超过臀部的衣服也可以选择，但要注意这些衣服要收腰，然后下摆是散开的，这样就能够打造出下半身的曲线。

苹果形身材的人可以选择V领、圆领、高领等上衣。

2. 苹果形身材选择上衣要低调简约

在选择上衣时要以简洁低调为主，不要太过复杂花哨。比如多层蕾丝、条纹、印花等就不合适了，因为这样会将人们的注意力吸引到你的上半身，原本就较大的上半身会更加显眼。

苹果形身材的人上半身较大，下半身较小，腿一般都比较瘦，所以可以放心地把腿露出来。

稍微短点儿的裙子是好的选择。

在下半身服饰的颜色选择上,苹果形身材的人可以大胆地选择一些比较出挑的颜色,这样能够将人们的注意力吸引到你的下半身。

选择裤子也是同样的道理。

第 3 节　沙漏形身材和直板形身材的穿衣法

1. 沙漏形身材：选择剪裁合身的衣服能够完美展示曲线

梨形和苹果形身材讲完了，现在该轮到沙漏形身材了。沙漏形身材具有胸大、臀部大、腰细的特征，就像个沙漏一样（如图7-3所示）。

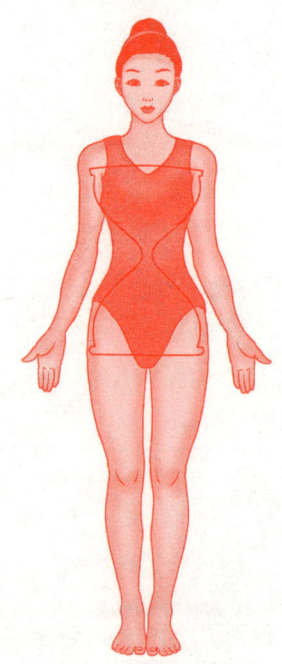

图 7-3　沙漏形身材

PART2
我的外部形象改造工程

沙漏形身材是许多女性所追求的身材,也是很多男性心中的完美身材。

美剧《广告狂人》中的女主角就是沙漏形身材的代表,她在剧中的主要装扮是连衣裙,这些连衣裙风格各不相同,但是都很强调掐腰(如图7-4和图7-5所示)。

图7-4 美剧《广告狂人》剧照

这种身材在穿着打扮时,要重点将身体的曲线凸显出来。选择剪裁合身的衣服就能很好地将身材优势发挥出来。

需要注意的是,不要选择一些让自己看上去变壮的衣服。

沙漏形身材可以多穿铅笔裤、铅笔裙,抛弃宽松款的衣服,果断展示自身优点!

图 7-5 美剧《广告狂人》剧照

2. 直板形身材的穿衣法

还有一种身材,就是像男孩一样的身材,直上直下,简单点儿说就是身材没有什么曲线,这种身材叫作直板形身材(如图 7-6 所示)。

PART2
我的外部形象改造工程

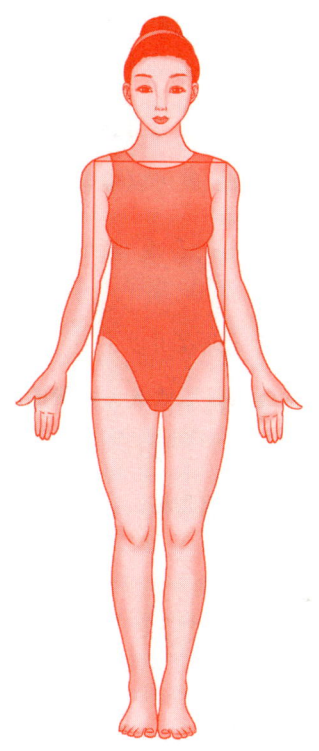

图 7-6　直板形身材

直板形身材的优点是纤细，缺点则是没有什么曲线。

直板形身材是所有身材中最有时尚感的，个子高的直板型身材穿什么都好看，简直就是人形衣架子，怎么穿都有潇洒的风骨。

个子高的直板形身材，可以尽情地选择长风衣、长大衣，立刻让你的气场放大！

个子矮一些的直板形身材穿了合适的衣服也会有一种灵气，直

板形身材兼具少年感和少女感,个子高矮的不同展示出来的特质也不同。

  这种身材很好打理,参考梨形身材上半身的打理方法,再参考苹果形身材下半身的打理方法就可以了。

  如果你想要增加自己上半身的曲线,那么可以选择胸口部位有装饰的衣服,装饰包括蕾丝、印花或者大领口等。

  然后下半身穿得简洁低调就可以了。

  如果想要凸显腰部线条,那就选择收腰的服饰,或者配上腰带。

  如果想要增加下半身曲线,那就选择颜色鲜明的服饰,款式上可以选择大摆裙、蓬松裙、宽脚裤。

第4节　胖女孩怎么穿？

1. 体重并不能说明一切，体型才是判断标准

我们生活的社会是一个以瘦为美的社会，全世界的姑娘不分国籍、不分种族都在追求瘦身。但是瘦是有一个限度的，过度的瘦并不能让人赏心悦目，健康的瘦才应该是我们追求的目标，当然这些不是现在要讨论的问题，我们回归正题，从偏胖的身材开始讨论。

一说到偏胖，相信大部分人脑中的第一反应就是体重数字，实际上体重数字并不能说明问题。如果一个姑娘没有明显的曲线，并且身材看上去偏圆，那就可以列为偏胖身材。所以属于偏胖身材的女孩在选择衣服时，主要考虑的因素是将自己的曲线显示出来，让自己的腰胯分明，这样身材自然就会好看很多。

2. 偏胖身材要远离的几种衣服

先说几种偏胖身材不适合穿的衣服：

a. 松垮类型的衣服或者上身宽松下身紧身的衣服。较瘦的人适合这种类型的衣服，可以使自己的身材看上去更纤细，但是偏胖的人穿上这种类型的衣服会让身材看上去更膨胀。

b. 缩口牛仔裤、打底裤。这些裤子会将偏胖的人的腿型暴露出来，放大自己身材的缺点。

c. 夹克类型的上衣。夹克会将你的上半身紧包起来，让你上半身显得更圆。

d. 戴帽子的上衣。帽子会给人十分累赘的感觉。

e. 带有卡通图案、大号英文字母、大号花纹图案、横向条纹的衣服都不是好的选择，因为这些图案会让视觉产生膨胀感，使自己的缺点更突出。

f. 鞋子方面，旅游鞋和雪地靴尽量不要穿，这两类鞋子会让人看上去邋遢，而且会显得腿短。

3. 胖女孩穿衣原则：要拉长比例不要臃肿

胖女孩穿衣的要点是：选择那些能拉长比例、没有臃肿感的衣服（如图7-7所示）。

偏胖身材的人在衣服的选择上需要注意：要尽量选择能够拉长自己身材比例的衣服，避免让人视觉上有膨胀感的衣服，那么适合的衣服有以下几种：

a. 长款并且有收腰的衣服（尽量不要选择短款的上衣）。比如，长款有略微收腰效果的风衣、西服，能够配腰带是最好的，但是腰带记得不要放在腰间，而是要在背后系，以强化腰部曲线，这点对于偏胖的身材非常重要。

PART2
我的外部形象改造工程

图 7-7 胖女孩穿衣——要拉长比例不要臃肿

b. 裤子选择长度适中、直筒剪裁的款式，牛仔裤、西裤都可以，但是要避免七分、九分之类的裤子，臀部和大腿部位要以合体为准，不要选择宽松或者紧身的。直筒的款式会让人视觉上产生拉长的效果。

c. T恤或者针织衫选择V领的，可以起到延长颈部和连续线

条的效果。圆领上衣并不推荐，如果一定要选择，那么记得选择大圆领或者一字领的，小圆领是必须抛弃的，因为小圆领会显得人脖子短、脸圆。颜色方面纯色是最好的，印花什么的都尽量不要，如果想要加一些装饰，可以配上项链。

　　d. 对于偏胖体型，尖领衬衫是一个好选择，一件好的尖领衬衫还可以将赘肉隐藏起来。要选择偏硬一些的材质，不要选择柔软的材质，柔软的材质对于偏瘦体型的人比较合适。衬衫大小以合体为准，宽松或者紧身的都不适合。

　　e. 很多偏胖身材的姑娘不愿意选择裙子，但实际上一些直身裙是可以选择的。裙子长度到膝盖位置或者略过膝盖都可以，一条细腰带是不错的搭配（宽腰带不要选，会起到相反的作用），衬衫或者针织衫都可以作为搭配的选择。连衣裙中A字裙或者直身裙也可以选择，同样配上细腰带也能够修饰身材。裙子当中要记住百褶裙和蓬松裙摆的裙子是不可以选择的。

　　f. 皮鞋可以选择有跟的，这样会将你的小腿线条拉长，不带跟、尖头的平底皮鞋也可以，但注意不要选择圆头的皮鞋，因为这样会让你的腿显粗。运动鞋、旅游鞋不建议选择，如果一定要选择一款，那么应该选择样式简单、色彩低调的。因为这类鞋子通常较容易引起人的注意，从而将人的视线引向腿部，所以腿部线条比较好的人比较适合这类鞋子。

　　g. 衣服的花纹颜色都需要注意。如果选择有图案的衣服，就要挑选图案有规律的或者竖条纹的，有印花的面积不能太大，彩色对比要柔和。黑色或者同类暗色系的衣服能够让人在视觉上有收缩的效果，所以黑色、暗色系的裙子或者外套对于身材偏胖的姑娘可以多选择。

不要因为自己身材偏胖就选择一些宽松的衣服，希望以此掩盖自己的赘肉，这样不但不能掩盖赘肉，反而会给人一种邋遢的印象。赘肉并不可怕，可怕的是有赘肉而且身材没有线条。当然，无论我们的身材是否苗条，我们的衣服是否昂贵，只要自己内心充满自信，那么无论在什么地方，你都是最引人注目的那一个。

有的女性肚子比较大，该怎么办呢？有些单品能够起到掩盖大肚子的效果，比如 A 字形的长衫和高腰衫，能起到掩盖肚子的效果，娃娃衫也可以。总之，如果自己肚子上的赘肉较多，那么就要注意避免穿那些修身的、将自己肚子包裹得很紧的衣服。

每个人都有一颗爱美的心，特别是女孩子。所以如何选择衣服、搭配衣服是女性非常热衷的话题。

身材偏胖？偏瘦？膀大腰圆？胯大腿粗？身材能够称作完美的人只是少数，大部分人的身材都存在这样那样的缺陷，在我们改变自己的身材之前，缺陷需要我们通过选择适合的衣服来进行修饰，突出自己的优点。

我们在选择衣服的时候，应该从自身情况出发，分析自己的优缺点，选择能扬长避短的衣服，避免出现东施效颦的情况。

魅力进化论：
我的形象管理手册

第 5 节 腿不好看，穿衣服就不能漂亮了吗？

两条笔直而修长的美腿是所有女孩子都梦寐以求的，但现实中大部分人都没有，不过不用为此而苦恼。先不说平凡大众，就算是专业的 T 台模特、荧幕演员，也并不是都有完美的身材。Kate Moss 的腿呈 O 形，但依然成为了时装超模；我喜欢的一个模特因为曾经练过芭蕾舞，导致小腿较粗，但是她的魅力并没有被她的小腿所影响……

如果你觉得自己的腿型不够好看，那么除了平时多锻炼改善腿型之外，还可以通过衣服进行改善，或者让人视觉上发生变化。

对于亚洲人来说，有 3 种问题腿型是比较常见的：O 形腿、腿同身高相比过短、小腿较粗。

对于腿型的视觉效果起到关键作用的是裤子和鞋子，而全身整体的搭配此时显得并不是很重要。裤子和鞋子选择对了，就会让腿型从视觉上变得好看。

1. 直筒裤和微喇叭裤？ YES

直筒或者微喇叭的裤子是不错的选择，如果你的大腿比较细，可以选择大腿和臀部比较修身的裤子，这样就会让人忽视你小腿的缺点。很多姑娘喜欢选择打底裤，实际上如果你的腿型不好，那么

PART2
我的外部形象改造工程

一定不要选择它。首先打底裤会将你的腿型完全暴露出来,其次打底裤的长度刚好到脚踝,这会让人在视觉上感觉你的腿比较短。连裤袜倒是一个不错的替代品,因为穿上连裤袜后从腿到脚整体颜色一样,让人产生连贯感,无形中会有拉长腿的效果。

短裤或者裙子并不是只有腿型好的人才能穿,腿型不好的女性同样也能穿,但是注意长度要以露出膝盖为标准,下面不需要再搭配袜子,不用考虑如何才能将自己腿的下半部分遮挡住,光腿在这种情况下会显得更加自然,腿也就显得长一些。千万不要选择长度刚到膝盖下面或者在小腿中间的裙子,那样会让你小腿的缺陷加倍凸显。

2. 低腰裤:NO

低腰裤已经流行了一段时间,虽然低腰裤能够加强腿部曲线,但是除了这一点之外,它就没有别的优点了,穿着不舒服、容易走光,而且还会让腿显得短。曾经见过有姑娘上身穿一件较长的修身T恤,下身搭配低腰裤,这样搭配走光是不会了,但是会让腿显得更短。选择的裤子后面有兜时,可以根据兜的位置来判断裤子是否适合自己,正常裤子的裤兜刚好在臀部的位置或者略微偏上,这就比较合适,要避免那些裤兜较低的裤子。低腰裤会让你的腿显短,低裆裤的效果同低腰裤相比有过之而无不及,建议身材比例不是特别好的就不要去尝试了。

魅力进化论：
我的形象管理手册

3．短裤配打底裤？NO

打底裤外面再配上牛仔短裤这种穿法似乎这两年比较流行，也不知道是从什么时候开始的，但是这样的搭配实在算不上是好的搭配。短裤设计出来就是为了光腿，如果短裤再搭配其他裤子，就是两层裤子套在一起了，在视觉上让人感觉腿被明显分割了。特别是牛仔短裤搭配彩色的打底裤，再加上靴子，两条腿看上去感觉像被分成了三段，这样的分段无论什么样的长腿也不会好看。如果一定要选择这种搭配，那么要注意三点：首先，牛仔短裤必须要排除，可以选择其他比较宽松的短裤，或者短裙裤也可以；其次，里层要选择同外裤颜色相同的连裤袜，略有透明度的最合适，毛线袜之类的要避免；最后，靴子或者运动鞋不能选择，这种搭配适合穿能够露出脚面的皮鞋。

4．高跟鞋？YES

腿型不够好看时，选择鞋子就显得十分重要了。高跟鞋很常见，其作用想必大家也都了解，我就不多说了，可以多选择几双备着。我想说的是，在春夏两季时，要尽量选那种可以将脚面露出来的鞋子，这样从小腿到脚面具有连贯性，能够有效地从视觉上把腿拉长。

5．横向系带？NO

不要选择那些鞋带横向的鞋子，特别是一些鞋子的横向鞋带一直系到脚踝处，穿这种鞋子的效果同打底裤一样，会显得腿短。罗马鞋是要坚决避开的，因为罗马鞋的鞋带不但是横向的，并且有多根，多根的横向鞋带会将我们的腿变得又宽又短。

6．如何选择靴子

踝靴最近两年比较流行，但对于腿型不好的姑娘还是要小心选择，这样的鞋子同上面说的打底裤配靴子一样，会让小腿与脚部失去连贯性，同时也很容易将小腿的缺点暴露出来，所以不推荐选择这种靴子。

想要穿靴子，长靴是一个很好的选择，不容易出现问题。在选择长靴时需要注意两个地方的宽度，一个是靴子在脚踝处的宽度，一个是靴子在小腿肚处的宽度。想要通过长靴来显示自己的腿细，那么这两个地方一定要宽，靴子不能紧紧包裹着自己的腿，有一两根手指的富裕是最合适的。

腿型虽然对于一个人的身材非常重要，但是如果有一两处缺陷也不用太过烦恼，整体的格调及品位对于穿着才是最重要的。学会深入地了解自己的内心，了解自己的身体，当你做到这些时，你的穿衣也就能够有属于自己的风格，同时也会变得更加自信。

魅力进化论：
我的形象管理手册

第 6 节　小个子女孩的穿衣法

作为一个小个子女孩，你需要的是以下打扮（如图 7-8 所示）。

- 合身的经典简约款的衣服
- 能让别人产生兴趣的上衣
- 避免大块的印花
- V 领连衣裙
- 简约经典款的高跟鞋
- 避免被分成两截以上

图 7-8　小个子女孩子的穿衣法

PART2
我的外部形象改造工程

要点1：颜色对比性不要太强烈

选择的衣服上下身颜色对比不要太强烈。

这样可以让你的上下身成为一个长条，会增加视觉高度，如果衣服上下身颜色对比强烈，那么身体就会被色块切开。

要点2：焦点远离下半身

选择的衣服要能够让他人的目光远离下半身，将注意力集中在上半身。

这样腿短的缺点就不容易被人注意了。如果你对自己的锁骨、脖子或者胸部有自信，那么正好都能够通过穿衣展示出来。

V领、大领口、漂亮的印花、脖子上佩戴吸引眼球的饰品、将自己的肩膀露出等，都能够起到吸引他人目光的作用。

反之，要避免那些容易将他人目光集中在腿部的衣服。

要点3：印花不要大于自己的拳头

衣服的印花不要比你的拳头还大。

大印花太容易抢夺目光，让人从远处第一眼看去只看到印花，而忽视了人。

要点4：阔腿裤是个不错的选择

裤子要选择阔腿裤，并且要能够遮住部分脚跟和脚面，以延长自己腿部的线条。

魅力进化论：
我的形象管理手册

高跟鞋搭配阔腿裤，瞬间就能将腿部拉长，而且鞋跟的高度还不会很明显。

现在的姑娘们都喜欢穿小脚裤，小脚裤会将腿部同脚部截断，起不到将腿部线条延长的作用，如果还是一个小个子，那么效果就更糟糕了。

要点 5：连衣裙是你的好朋友

连衣裙能够打造出垂直的线条，对于小个子也非常适合。

高腰裙、能够将肩膀露出或者 V 领的裙子也可以选择。

在裙子长度上，刚到膝盖或者在膝盖稍微靠上的位置比较合适。

要点 6：选择合适的鞋子

相信有点矮的女孩子都喜欢高跟鞋，其原理同之前说的一样，都是将腿部线条拉长。但要记得鞋面不要有横向带子或者装饰，这样会破坏腿部的线条。

在很多人看来，身高对于穿衣是否好看起决定性的作用，实际上这个看法并不完全正确。有些过高的人也会因为身高问题而烦恼，担心自己的身高给他人带来压迫感或者在人群中存在感过强。相比之下，小个子女孩就有了优势，因为身材娇小，穿着反而多了很多选择。所以高矮各有优势，没有必要为了自己的身高而烦恼。穿衣在于搭配合理，尺寸合适，符合自己的风格，高矮并不是问题。

PART2 我的外部形象改造工程

总的来说，小个子女孩选择衣服需要注意的是：衣服能够体现出比例，避免给人视觉上带来沉重感。至于衣服选择什么样的款式、什么样的风格则不需过度纠结，每个人适合的都不一样，只要自己感觉符合自己的气质就可以。现在我们来说下小个子女孩穿衣需要注意的几种情况。

上面宽松下面紧身的穿衣方法，这种穿法上身可以选择长T恤、长外套等。小个子女孩使用这种穿法需要注意上衣的长度，超过自己臀部一拳的长度是最合适的，不要超过这个长度，再长的话就会让身材整体比例失调，起到适得其反的作用，另外，这种穿法搭配高跟鞋最合适。

黑色是经典颜色，很多姑娘都热衷于黑色衣服，但是建议小个子女孩不要选择大面积黑色的衣服，大面积的黑色会让人视觉上产生沉重感，身材就显得更加娇小了。

如果选择的大衣是连帽的那种，那么帽子的大小也需要注意，不能太大，帽子边上不要有毛，这些都会让人从视觉上产生沉重感，让个子变得更矮。

对于长款的大衣，长度选择刚好过膝盖的就好，大衣有腰带最好，如果没有可以自己找一条搭配，通过腰带突出身材的比例。

鞋子的选择也要注意，比如，鞋跟较高的高跟鞋，鞋底非常厚的松糕鞋、坡跟鞋等都比较合适。

选择长裙需要注意的地方和选择长款大衣基本一样，都是要注意长度问题。

魅力进化论：
我的形象管理手册

　　小个子且身材单薄的女孩，尽量不要选择太过紧身的衣服，可以找一些能够产生视觉膨胀感的衣服。比如泡泡袖、蓬松裙等具有层次感的衣服，压褶设计多一些的衣服，横向大条纹的衣服，颜色以浅色为主色调的衣服，都能产生视觉膨胀感。

第 7 节　胸大的女孩如何穿衣才能性感而不俗气？

这段时间有好几个女孩找到我，向我抱怨自己的胸太大，导致不知道穿什么样的衣服合适，大胸无疑给很多女孩子造成了穿衣上的困扰。

那么因为大胸感到困扰的女该该怎么办呢？

建议从两个方面入手：塑型和穿衣。

穿衣之前先塑型。

塑型分为 3 方面内容：

1. 减腰围（腰围要控制在 70cm 以下）

大胸已经容易显臃肿，如果再配上粗腰，那还真的很难获得良好的穿衣效果。有的大胸姑娘小腹还比较突出，这时就要把小腹减下去。

大胸不是不能穿衣服好看，但是腰一定要细。建议姑娘们把腰围控制到 70cm 以下。

腰围至少要和胸围的底围持平。

2. 穿缩胸内衣

现在日本的缩胸内衣非常红，华歌尔等品牌都推出了缩胸内衣，目测应该有一定效果。可以找日本代购,购买缩胸内衣来穿(如图7-9所示)。

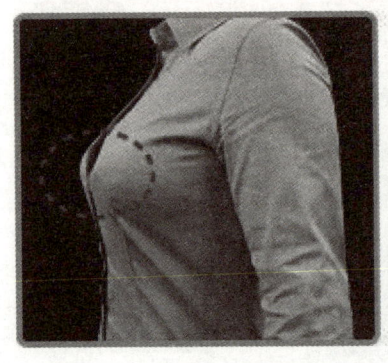 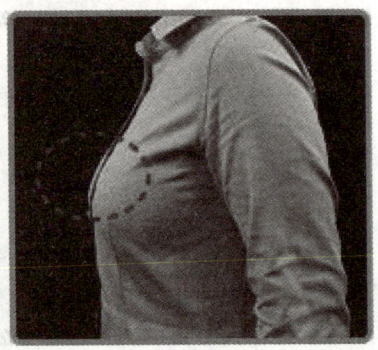

图7-9 缩胸内衣的效果

3. 减脂

还有一个办法是通过做运动来减脂,很多姑娘胸围大是因为背厚。我见过很多姑娘脱了衣服内衣带陷入背部脂肪的,所以这就需要通过运动来减脂。先判断下自己是单纯性胸大,还是后背也很肉。如果是背厚,那么就只能通过锻炼了。背厚怎么穿也不会好看的。

腰围缩小(这样就可以不用穿高腰的衣服了,很多大胸姑娘因为腰围也粗,所以喜欢穿高腰的衣服,其实这是错误的,高腰真的是瘦子的专利啊)、胸部通过穿内衣和减背缩小一些、体重减轻一些,就比较好穿衣了。

大胸女孩穿衣的秘诀有以下几个:

PART2
我的外部形象改造工程

1. 露肤不露沟

上衣一定要露出脖子和锁骨,这样露出的肌肤会很性感,但是请不要露出乳沟。衬衫、V 领衣服、一字领、U 领都是不错的选择,但是注意露锁骨不要露到胸,看到乳沟是不行的,会给人低俗的感觉(如图 7-10 所示)。

图 7-10 适当露出肌肤会使大胸女显得优雅、纤细

衬衫可以内搭吊带。

我认识一个女孩,天生的大胸,她选择衣服的时候,非常注意领口开的位置和大小,她总是选择那些能够露出一点儿颈部和锁骨的衣服,显得非常曼妙。

魅力进化论：
我的形象管理手册

上班可以穿黑色套装，大胸姑娘可以选择领口开得不那么低的，但是领口一定要敞开，不要系上。如果你穿了一身黑，为了显得不那么沉重，最好把头发梳起来，露出颈部和锁骨，这样会很好看。

西装里面可以穿一些柔软材质的内搭，比如吊带和衬衣，同样要露出一小块皮肤，但是不要露沟，掌握好分寸很重要。

如果你穿得很有女人味，就可以把头发绑起来，如果头发是卷发，并且披散，那么可以穿中性一些，总之衣服和发型要协调。

夏天上班可以穿衬衫裙，腰部要掐一下，这样才会显得腰细，但是不要过分。

2. 不要穿显得胸更大的衣服

上衣选择深色的可以打造出看起来比较苗条的上身。

不要在衣服胸部的位置再增加装饰，花纹、褶皱、口袋之类的都要避免，大胸的姑娘不适合这些，它们会让你的胸部更加突出。垫肩及宽松的袖子也会导致这样的问题。

V领衣服及鸡心领衣服都可以选择，这些衣服能够让你的上身显得较瘦且挺拔。

牛仔衬衫是可以的，但是牛仔服不行。薄薄的羊绒毛衣（最好是V领），但是厚粗棒针（最怕高领）不行。

夹克样式的衣服要选择无领和收腰样式的，双排扣和较大的领子要避免。

简单的T恤和雪纺上衣都可以，但是钉大片珠子和层层叠叠的褶皱是不行的。

任何反光材质的上衣都是不行的。

下半身衣服要选择一些能够和你上半身保持平衡的,比如喇叭裙配上一件合身的衬衣或夹克。

当你穿着两件套泳衣时,要选择下身不是太过窄小的。

3. 注意掐腰

所谓掐腰不仅仅是在腰部收一下,收的位置也是很重要的。前面说了不要穿高腰的裤子或裙子,那是瘦子的专利,而太低腰的衣服也不行,会更显得上身较长(如图7-11所示)。

图7-11 《广告狂人》剧照

注意图 7-11 掐腰的位置,理想的掐腰位置大概在肚脐上一寸。

冬天毛衣配一步裙是很适合的,但要注意一步裙不要太紧,把臀部包得紧紧的是不行的!

夏天衬衫配一步裙也会很好看。

4. 注意衣服的材质

衣服要选择较为贴身的,但是不能紧紧包裹住身体,这会让你的胸部更加抢眼;衣服太过宽松也不行,会让你的身材看上去十分臃肿。

含有少量莱卡材质的衣服是一个好的选择。

以毛衣来说,100% 纯羊绒毛衣是很好的选择,不是纯羊绒,羊毛混纺也是可以的,但是化纤就最好不要了。或者说,身上可以有一件是化纤的,但是不要件件都是化纤的。

冬天大衣不要考虑 90% 以下羊毛的(不过特别好看的可以放宽到 80%)。

就颜色来说,尽量选中性色和纯色。因为身材已经很火辣了。

第 8 节　平衡和展示优势

1. 比适合身材更重要的是适合风格

选择衣服之前，首先要了解自己的风格，其次要考虑自己选择的衣服是否符合自己的风格。

只要衣服的风格符合自己的气质，比例合身，尺寸合适，再根据自己的身材类型注意一些细节，很容易让人眼前一亮。

很多人都有一个问题，就是注意力总是放在自己缺少的东西上，而自己拥有的东西却不去重视，穿衣同样也是这样。

其实对于那些自己没有的东西没必要羡慕，与其抱怨自己的身材有这样那样的缺点，不如找到自己身材的优点，然后利用这些优点去穿衣，改变自己的形象。

2. 平衡 & 展示优势

很多人问我：身材有缺陷，怎么穿衣才能弥补缺陷？

其实我感觉"弥补"这个词语用得不是很恰当。因为我并不同意使用遮蔽、掩饰的方法去隐藏自己的不足，这样做有时候会适得其反。

我喜欢用的方法是转移注意力，让人们忽略身上的缺陷。

将他人的注意力从自己的不足之处转移的方法就是突出自己的

优势,引导他人的注意力集中在自己完美的地方,这样不足之处自然就被弱化了。

讲了这么多,其中最关键的就是——"平衡"和"展示优势"。

"平衡"就是选择衣服时要根据自己的实际情况考虑上半身和下半身的比例,最终达到协调。比如梨形身材的人要缩小下半身,增大上半身;苹果形身材的人要将自己的上半身缩小,增加腰部的曲线。

比如有的女孩身材整体还不错,但是肚子特别大(如图7-12所示)。

图7-12 大肚子女孩子的穿衣方法

这时穿能够遮盖大肚子的高腰衣服是个很好的选择。而如果你的脖子相对较短，就不要穿高领衣服，以免更加自曝其短，能够显露脖子修长的大V领会更适合你。

"展示优势"也很好理解，就是找到自己身材上的优势，然后将这些优势作为展示的重点，选择衣服时以将他人的注意力吸引到这些优势上为目的，从而淡化自己身材上的缺点。

不要总是感觉自己全身上下没有一个优点，不同部位之间相互作比较，总有一个部位是比其他部位更好看的。

第8章

你来自哪个色彩体系?

你想过没有,为什么有的人适合某种颜色,有的人不适合?

为什么即使是绝色美女,穿的是最好的高级礼服,出来的效果也会时好时坏?

答案是:颜色自有它的规律和秘密。只有了解颜色,才能驾驭它。

每个人都有自己适合和不适合的颜色,当你对色彩有所了解时,穿衣时颜色选择的难题就迎刃而解了。

魅力进化论：
我的形象管理手册

第1节 选择颜色前，先做色彩的功课

一整套衣服通过色彩可以得到最直观的展示，所以衣服颜色的选择十分重要。选择颜色前，我们需要对颜色做点儿功课，以便对其有基本的了解。

1. 色彩分冷暖色

颜色分为冷暖色，冷色是指让人感觉较冷的颜色，比如青、蓝、紫；暖色是指让人感觉温暖的颜色，比如红、黄。

在实际生活中，同一种色调，也会有冷暖的区别。比如，红色和粉色通常被认为是温暖的颜色，橙红色是暖色系，给人温暖之感，而蓝色，就是冷色系。

2. 黑白灰是基本色

再说下3种基本色——黑、白、灰。白色是万金油颜色，什么类型的人都适合，不需要多说。黑色也基本人人都可以穿，但是如果是比较娇小的姑娘，建议就不要选择太多的黑色了，会让人感到压抑。

另外，如果你的皮肤不是太好，比如有痘痘或者皮肤暗黄，那么也要避开黑色，黑色会将你的肤色衬托得更差。

灰色在我眼中是非常优雅的一种颜色，并且是最好搭配的，

无论同什么颜色在一起，都很少出错，所以灰色的单品可以多存一些。

3. 色彩的基本搭配规则

其实色彩的搭配并没有固定的标准，在搭配时注意以下 3 点就可以了：

第一点，全身衣服的颜色除去白色和黑色，不要超过三种；

第二点，如果想要搭配出低调优雅的效果，那么最好全身衣服的颜色选择同一色系；

第三点，想要搭配出个性，更加出众，可以选择对比色进行搭配。

如果知道如何选择符合自己性格的衣服，同时又了解自己的肤色适合的颜色，那么在穿衣方面虽然不能保证做到出众，但至少不会犯错。学习穿衣搭配是有规律可循的，但是当我们对自身已经十分了解时，选择衣服其实就是跟着自己的感觉走，找到适合自己的风格，再根据不同时间、不同场合进行适当的调整，这样就已经很好了。我们没有必要像百变女王般一天三变，只要我们能够在自己的穿衣搭配中享受到乐趣就足够了。

4. 每个季节都有专属颜色

每个季节都有专属颜色，比如夏天穿鹅黄色就比冬天穿鹅黄色更合适，那种鲜嫩不太适合严冬。冬天穿酒红色、棕色也比夏天穿

魅力进化论：
我的形象管理手册

更合适，夏天穿红色和棕色会令人联想起深秋和严冬。

基础的颜色是白色、黑色、灰色，但任何无彩色的颜色都可以看作是基础色。

确定自己适合的颜色主要考虑两个因素：一个是自己的肤色，另一个是自己的性格。

在本章中，我们把女孩分成了4个色彩类型，这4个色彩类型只是说明你更适合哪一类颜色，在实际选择中，你可以根据自己的性格做调整。

很多人认为年轻就应该穿鲜艳的颜色，年老就应该穿素雅的颜色，其实并不是这样的。色彩是需要考虑年龄的因素，但影响并不大，也不会有什么矛盾。如果素色的衣服符合你的性格，并且和你的肤色相配，那么年轻人也可以穿；同样的，如果颜色鲜艳的衣服和你相配，即使上了年纪穿也同样光彩照人。

5．你也可以根据自己的性格选择颜色

以我自己为例，我是比较内敛的性格，所以低调的色彩比较适合我，比如黑色、白色、灰色、蓝色、墨绿色、姜黄色等。

然而我的皮肤偏黄，并不是透亮的那种类型，所以皮肤的颜色决定了我要避免选择黄色系。因为黄色系的衣服会让我的皮肤看起来非常不健康，特别是姜黄色，这种颜色会让我的脸色看起来比实际上更黄，如同病人一般。如果必须选择黄色系的衣服，那么只能选择浅米色或者淡驼色，一定要淡色，这样才会让脸色显得明亮。

PART2
我的外部形象改造工程

同时，皮肤较黄的人还要注意避开绿色系，绿色系的衣服会让你的皮肤显得又黄又黑。所以我基本不会选择绿色系衣服，如果要挑选的话也只能尝试橄榄绿色和灰绿色，但这两种颜色的衣服比较难搭配，很容易让人产生穿军装的视觉效果。

红色也是我不能选的色系，我属于那种红色衣服一上身就会显得非常土气的人，原因很可能是我容易脸红，所以当我脸红时身上还有一件红色系的衣服的话，那个视觉效果可想而知。

肤色发黄，性格内敛，肤色和性格决定了我比较适合蓝色系，另外，黑色、白色、浅米色、灰色、橄榄绿色和灰绿色我也会考虑。情况和我相似的姑娘可以做参考。

性格外向、较为活泼，皮肤略发黄的姑娘可以将红色作为自己衣服的主要色系。同时，黄色系和绿色系建议不要选择，如果一定要选那么可以选择柠檬黄，这种偏亮的颜色会将你的肤色提亮，而绿色系的颜色可以选择薄荷绿，这种颜色同样能够提亮肤色。

魅力进化论：
我的形象管理手册

第2节 冷浅达人

1. 冷浅型人的外貌色彩特征（如表8-1所示）

表8-1 冷浅型人的外貌色彩特征

肤色	柔和的粉白、乳白色，或者是带有蓝色调的略深的褐色皮肤。整体肤色偏冷，肤质干净而通透，有的脸颊会有自然的玫瑰色红润，非常美丽。
发色	轻柔的棕色、灰黑色或者深棕色，介于最深的黑色头发和最浅的棕黄色发色之间。
瞳色	茶色或者棕色，总的来说不是很锐利的颜色。

冷浅型人的肤色是大家最羡慕的肤色，肤若凝脂、面若桃花说的就是冷浅型人。即使皮肤如此美丽，如果衣服穿错颜色也会变得寒酸和俗气。

2. 越接近你的肤色，就越美丽

冷浅型人的选色秘籍前面已经介绍了，其实说到底只有一条，衣服的颜色越接近冷浅型人的肤色，就会越美丽。

所以，那些明艳的颜色掺了白，变成柔和清浅的冷色，最适合冷浅型人了，会使她们的皮肤显得更白皙，更能衬托出超凡脱尘的气质。

但是请记得一点，皮肤较白的姑娘不适合饱和度过高的颜色。因为饱和度过高的颜色配上较白的皮肤会太过耀眼，显得有些土气。

这点可以参考国外的白人。他们穿衣通常不会选择那些饱和度太高的颜色。当然，将高饱和度色彩少量地加在衣服上作为点缀还是可以的。

冷浅型人总体给人以温暖柔和的视觉印象，其外貌集合了冷色调和总体颜色偏浅的双重特质，冷浅型人很容易出美女。

走在苏杭的大街上，最多的美女就是冷浅型人，白皙的肤色配上柔和的瞳色、发色，对比并不鲜明，突出的是恬静温柔的特质。

所以，冷浅型人穿衣，*最重要的就是不要选择反差太大的色调，过深的颜色会破坏柔和的整体感*。

浅淡的冷色比鲜艳的冷色系要更适合冷浅型人。

最好的颜色选择是，在同一色系里进行浓淡不同的搭配，颜色选择必须柔和、雅致。因为是冷浅型人，所以颜色选择也要在蓝色调的颜色中选择。

同样是蓝色，冷浅型人适合有一定灰度的灰蓝色、蓝灰色、淡紫色，各种加了灰度的浅彩色都是上选。

以 Pantone 公司发布的 2016 流行色为例，水晶粉加静谧蓝的组合是典型的马卡龙色。如果冷浅型人穿这两种颜色，总体来说还可以，但是加一点点灰度会更好。

最适合冷浅型人的颜色是灰色和裸色，这两种颜色都突出了冷浅型人高雅柔和的特质，但是不要太深的灰。

冷浅型人最不适合的颜色是藏蓝色，藏蓝色沉静、沉重而高贵，适合暖深型的人穿。

中国人里，冷浅型人所占比例大约是 15%～20%，大多集中在南方，属于这一类型的女人比男人多。

对于冷浅型人来说，冷色系要比暖色系适合得多，冷色能够格外衬托她们的肤色。

银色的首饰也比金色的首饰更适合冷浅型人。

PART2 我的外部形象改造工程

第3节 冷深达人

1. 冷深型人的外貌色彩特征（如表 8-2 所示）

表 8-2 冷深型人的外貌色彩特征

肤色	青白色或者带一点点橄榄色，带青色感的褐色皮肤，总体肤色偏冷，不如冷浅型人那么柔和，给人以强烈对比感。
发色	乌黑、银灰或者深酒红发色。
瞳色	眼睛的眼珠和眼白深浅对比十分明显，眼珠为深黑色或者深棕色。

冷深型人的肤色也是偏白的，很多冷深型的人脸部红润度很强，尤其是下巴、脸颊等部位，但是不掺杂一丝黄调。

冷深型人适合鲜艳的冷色，最适合的颜色是黑色和艳丽的宝石蓝。白金和银首饰都适合冷深型人。

冷深型的代表人物是范冰冰，她那白皙的肤色和乌黑的发色对比强烈，令人印象深刻，加上明艳的眼瞳、鲜艳的嘴唇，整个人如同冰山美人一样，冷艳而夺目。

而《纸牌屋》中的女主角克莱尔也是典型的冷深型人，她在剧中常穿藏蓝色衣服。

冷深型人的色彩着装要点：

注意色彩对比，色彩要鲜明，对比要分明，注意颜色的光泽度。

冷深型人是最适合各种纯色的，正红色、酒红色和玫瑰红都能

够衬托冷深型人的美。

  同时纯正的黑色与白色，冷深型人也能完美驾驭。这点和冷浅型人就区别开来了，冷浅型人只适合柔和的乳白色、米白色，真正的不掺杂一点儿灰度的白色并不适合冷浅型人。

  同时，冷深型人也能非常好地驾驭藏蓝色。

第4节 暖浅达人

1. 暖浅型人的外貌色彩特征（如表 8-3 所示）

表 8-3　暖浅型人外貌色彩特征

肤色	肤色浅且暖，表现为柔和的浅象牙色、暖米色，给人以温柔细腻的印象。
发色	明亮的茶色、柔和的棕色或者栗色。
瞳色	眼珠颜色偏浅，柔和的茶色，看起来非常可爱。

暖浅型人的肤色是非常美丽浅淡的暖色，这种肤色可以抗住艳丽的暖色。电视剧《红楼梦》里的贾宝玉就是这种肤色，穿红色尤其好看，穿各种各样的杏色也非常迷人。

暖浅型人给人以柔和温暖的视觉印象，我注意到日本女孩中暖浅型的特别多，她们的肤色大多是柔和的象牙色，配上戴了浅色美瞳的眼睛，柔和的偏黄发色，就像春天一样温暖而不灼人。暖浅型人就像可爱的邻家少女，比其他类型的人显得更年轻。

很多暖浅型人穿衣喜欢优雅柔和的少女风，看起来明亮而可爱。

2. 暖浅型人的穿衣颜色要点

选择暖色系中的明亮色。

冷色系的衣服比如灰蓝色、裸色，会使暖浅型人看起来灰突

突的。

而暖色系中的颜色明丽的衣服能够映衬她们温柔温暖的外貌特征，使她们看起来更加俏丽。

色彩关键词：通透、干净、轻盈，带有黄调。

黑色是最不适合暖浅型人的颜色，过于深重的黑色会与暖浅型人的外貌产生冲突，并使暖浅型人变得暗淡。

任何明亮、鲜艳的暖色都很适合暖浅型人。

任何令人联想起春天的色彩都适合暖浅型人，比如，清新的橙红色，好像春天发芽的小树一般的嫩绿色，温柔的奶黄色，丁香紫，明亮的珊瑚粉、肉粉色，还有清新感觉的天空蓝。总之，要不带任何灰调的颜色。

衣服的面料不易厚重，否则会破坏暖浅型人的轻盈。

穿白色衣服时，可以选择象牙白。银色的配饰也可以选择，但是一定要有很好的光泽度。

细细的、精致的黄金首饰很适合暖浅型人佩戴，K金也是不错的选择。注意不要选择过于厚重的款式，这会给外表显小的暖浅型人增加不和谐的年龄感。

色泽温润的珍珠最适合暖浅型人，若皮肤够白皙，米色珍珠和粉色珍珠也可以选择。

第5节 暖深达人

1. 暖深型人的外貌色彩特征（如表 8-4 所示）

表 8-4 暖深型人外貌色彩特征

肤色	瓷器一般的象牙色或者温暖的驼色皮肤。
发色	褐色、棕色或者深巧克力色。
瞳色	深棕色、深茶色，眼白偏象牙色。

暖深型人给人以高贵华丽的视觉印象，这也是非常有气质的一种类型。

她们偏深的肌肤配合温暖的发色、瞳色，传达出主人的高贵气质。她们比暖浅型人更沉稳，比冷深、冷浅型人更温和。她们给人的印象就像秋天一样，高贵、华丽、成熟，是收获的颜色。

2. 暖深型人的色彩原则

暖深型人可以选择暖色系中温暖浓郁的颜色，具有沉稳感的色调最佳。

暖深型人最适合酒红色、墨绿色、金色等颜色，砖红色和暗橘色也是她们能够完美驾驭的颜色。

重点是要浓重和华丽，能够衬托她们陶瓷般的肌肤。

暖深型人常常会被人评价"大气""有亲和力""成熟稳重"。

魅力进化论：
我的形象管理手册

相对来说，暖深型人的皮肤并不白皙，在中国属于较深的肤色（或者中等肤色）。

在我国，暖深型人占了很大比例，40%的中国人都属于暖深型人。所以大多数中国人穿温暖、鲜艳的颜色都很漂亮。比如旧社会过年时的服饰都非常喜庆，衬托人。

不太适合强烈的对比色。

不适合任何色度的灰色。

当你的皮肤属于偏黑的类型时，就需要高饱和度的明亮颜色来衬托。皮肤偏黑的人不适合中饱和度的颜色，因为这样会将皮肤衬托得灰暗。明亮的色彩搭配健康的黑色皮肤，会让你整个人看起来十分阳光。

当然，相同肤色的人性格并不相同，中性的性格可以用少量的明亮色彩同黑、白、灰色进行搭配，而活泼开朗的性格就可以将明亮色彩选择为衣服的主要颜色，黑、白、灰色作为衣服上的点缀。如果对自己搭配的能力比较自信，那么可以选择有对比的撞色，比如美国第一夫人米歇尔·奥巴马，她总是选择一些颜色非常亮丽的衣服，但同她黑色的皮肤相搭配非常合适。

第9章
风格捷径：从气质到气场的终极进化

衣服本身是无性的,"关键看穿在谁身上",只要穿对了衣服,任何人都可以变得更好看。

从一个人的穿衣打扮、衣着风格往往能看出其性情、身份、喜好。

如果你的风格和气质完美融合,气场也会因此而生,别人看你的时候也会觉得十分好看。但是风格与气质相悖的话,怎么看都会感觉别扭。

拥有适合自己的风格并非没有捷径。

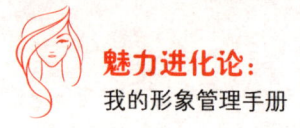

魅力进化论：
我的形象管理手册

第1节 穿衣指南：穿出自己的风格

什么是风格？风格是一种颜色吗？风格是一种款式吗？

都不是，风格是一种态度，是一种贯彻自我、绝不跟风、选择适合自己的而不是最流行的态度。

风格是不庸俗。时尚先锋香奈儿女士说："奢华的反面不是贫穷，而是庸俗。"

1. 风格是最适合你的调调

风格是最适合的调调，属于你个人的风格的意思是：当你打扮成某种风格时，你最美，你的状态最好。

我有两个年龄相近的朋友，第一个有着修长的美腿和美丽的秀发，她的气质也适合走性感风，所以她的穿衣特征是：喜欢穿黑色，常常是把大腿露出来，超短裙配高跟鞋，修长的美腿带来的视觉上的冲击力，简直太美了。

而第二个的特征就是萌，娇小的个头和娃娃脸，使她非常受欢迎。她的衣服绝对跟性感不沾边，以萌为主，她的发型是齐刘海配披肩发，穿衣服很喜欢粉色，同时喜欢荷叶边和蕾丝的元素，可爱的衣服也衬托了她的气质。

> 穿衣要从适合自己的调调出发，御姐气质跟萝莉气质不一样。穿衣要从自己的气质出发，如果一件衣服既符合自己的性情，又符合自己的外貌条件，那它就是为你而生的。

2. 选择属于你的风格，然后贯彻下去

挑选衣服时，中性色调和浅色调是首选。

美剧《破产姐妹》中，两个女主角来自于不同的阶级，这从她们的衣着上体现得淋漓尽致。Max 的衣物多为深色系，以尼龙、纯棉等材质为主，符合她所在的底层社会的特质。

Caroline 则是富家女，她的衣服材质多为绸缎、真皮、羊绒等高级面料，而颜色全都是浅色系：米色、白色、卡其色、裸色，看起来非常有质感，体现出了上流社会的穿衣风格。

3. 时尚是一种选择

最后，需要记住的是：时尚是一种态度，更是一种选择，与年龄和身份无关。

选择适合你的衣服，会让你更自在。

当你看到某件衣服时，就会油然而生这样的感觉："那就是我的衣服！"

或者别人看到那件衣服，会告诉你："那是你的衣服！"这说明你的风格已经形成了。

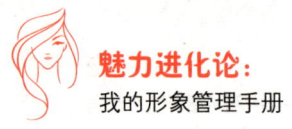

人的欲望是无止境的，如果不审视自己的欲望，只会浪费钱财，却得不到好的效果。

形成自己的固定风格才有助于你成为真正的自己，如果你的风格每天都在变，那么想要穿得漂亮真的比较难。

第2节 追求完美：穿出优雅时尚

1. 一个国家的整体时尚度可不是由年轻人决定的

一个国家的整体时尚度不是由大城市的年轻人决定的，而是由这个国家所有地区、所有年龄段的人决定的。

看一个国家是不是够时尚，只要去那里的大街上看看中老年人的装扮就知道了。如果大街上的中老年人普遍穿得舒适得体，符合他们的年龄和气质，那么这个国家或者这个城市一定是真正的时尚之都。

意大利的米兰、法国的巴黎和英国的伦敦都是这样的城市，这里的老年人常常穿得比年轻人更优雅有型。

相对日本和韩国，中国女性的性格更为含蓄，穿衣风格更为保守，有许多姑娘认为自己上了年纪（其实也才30多岁）不能穿嫩粉色了，于是常常选择保守成熟的颜色。我认为任何年纪都可以穿粉色，只是粉色的明亮度和色相需要仔细选择。

成熟不是不好，但是太保守的颜色会让你显得老气和无趣。

2. 追求完美：穿出优雅时尚

英语说：You are what you wire. 你的穿着决定了你是什么样的

魅力进化论：
我的形象管理手册

人，你的衣橱里的衣服是你的一面镜子，从你穿的衣服我可以了解到你如何看待自己，以及你如何被社会看待。

对衣服的选择会彻底暴露你的社会地位，更可怕的是，它会暴露你的审美、品位、个人倾向，你是优雅时尚的人，还是前卫大方的人，抑或是木讷无趣的人。

你可以认为这是以貌取人，但是我相信那些头脑聪明、有趣的人也会穿得很吸引人。

70%的基本款加上30%的风格款，这样的着装往往会显得很优雅，70%的风格款加上30%的基本款可以说是非常出位的喜好，而100%的基本款则意味着无趣。

香港某位名媛从她妈妈那里得到的建议是：只买最好的和最便宜的衣服，尽量不买中档的衣服，中档的衣服往往意味着垃圾。

虽然我们未必要按照这位母亲的话做（那样太极端了），**但是你至少可以买几件高档的、非常适合你的，且可以带给你额外自信的衣服，最好是你需要狠狠心才能购买的衣服，然后经常性地穿。**

在冬天可以是大衣和靴子，在夏天可以是小黑裙，小黑裙永不过时，并且能带给人一种神秘的气质，使你的气场变得强大。

说到优雅时尚，我想额外说一下格子衬衫。

我在学生时代，格子衬衫无比流行（我想现在也是），它简单，好搭配，随便就能套在身上。当时班里所有同学都拥有不止一件格子衬衫，什么红格子、绿格子，还有蓝紫格子。上课的日子里，学生们的校服里面是格子衬衫；周末的时候，格子衬衫则被搭配在休闲服里面或者单穿。

格子衬衫其实是最不好穿的单品之一，即使最美貌的人穿上格子衬衫也只能说不丑，它实在很难给人加分。格子衬衫格外需要搭配功底，大多数人都没有这个功底，所以看起来很土。

格子元素适合小面积出现，作为配饰是非常巧妙的，比如围巾、手套、包。大面积的格子服饰，需要很强的设计感和很好的气质来驾驭。

格子衬衫的替代品：有一定灰度的条纹衬衫，看起来更轻松优雅。

魅力进化论：
我的形象管理手册

第3节　努力修炼：穿衣是阶段性蜕变

穿衣是阶段性蜕变。

穿衣打扮是一门学问，必须不断学习，才能不被淘汰。真正学会穿衣打扮并不是一件轻松的事情，但是当你有了比较成熟的审美观，学习穿衣打扮就会事半功倍。

第一阶段　迷茫期

学习穿衣打扮的开始阶段就是迷茫期，这一时期的特点是：

已经认识到穿衣打扮的重要性，并且希望将自己打扮得非常美好。

但是由于对自己的身体条件认识不足，对自己的风格没有准确的定位，对衣服的经典款式不会辨识，对色彩的搭配完全不了解等原因，导致买了很多衣服却总是穿不出自己想要的效果。

为什么要对自己的身体条件有足够的认识呢？

例如，有人看到服装模特穿高领衣服非常漂亮，自己也买了同款，但是穿到自己身上就完全走样了，为什么？因为只有体型较瘦、脖子修长、肩部线条硬朗的人才适合穿高领，而自己身材中等或者脖子较短、斜方肌过于发达等这些因素都会导致衣服上身效果非常差。

PART2

我的外部形象改造工程

为什么要对自己的穿衣风格有准确的定位？

我认识一位时尚达人，她对于穿衣经常说一句话：要学会打扮，需要先学会一整套穿衣。之后她解释道，在冬天的大街上我们经常会看到有些人上身穿着大衣，下身穿着半裙，脚上穿着中靴，她们认为自己的一身集合了流行的所有元素，但是事实上她们的这一身打扮涵盖了三种风格，OL风、淑女范、型女样。

这样的搭配会让人感觉有些不伦不类。混搭并不是不可以，但是想要搭配好难度很大，<u>所以处于学习阶段时，建议先放弃混搭，找到一种适合自己的穿衣风格，能够将这一种风格穿好，这就已经超越了大部分人。</u>

如果你对自己的身材已经有了充分的认识，也能够很好地把握自己的穿衣风格，并且根据自己的实际情况购买了适合自己的基本款，那么恭喜你，你已经脱离了穿衣的迷茫期，进入了穿衣的第二个阶段：磨炼期。

第二阶段　磨炼期

磨炼期就是磨炼自己的审美水平，提高对色彩的认识度，能够买到适合自己的单品，并且不断研究各种街拍，了解穿衣流派，然后根据这些知识将自己现有的衣服不断进行搭配的过程。

看见一件单品如何分辨是垃圾还是有型单品？答案是寻找与自己风格类似的街拍照，如果你能够从两张以上的街拍照中发现这件单品，那么这件单品肯定值得一试。

学会判断颜色正不正,过不过时。这就需要多看时尚品牌发布会,看得多了就能找到感觉。从街拍中学习也是一个好方法,比如想要学黑色衣服如何搭配,就要找黑色衣服的街拍去研究。

如何高效利用自己的衣服?答案是将原有的基本款衣服同新买的时尚单品进行搭配,而不是一买就买一整套。

从磨炼阶段毕业之后,你的穿衣就可以与路人相区别了。合适的化妆、得体的发型以及花费很长时间才搭配出来的服装,但是却看不出刻意的痕迹,这时你就步入了穿衣的成熟期。

最终阶段　成熟期

穿衣打扮处于成熟期的女孩找到了将自己的美通过穿衣表达出来的方法,穿衣时尚,打扮精致,但同时又不会露出刻意的痕迹。处于这个阶段只需要时常关注最新的资讯,定期去繁华地段逛街就可以了,这种状态是可以长时间保持的。

> 男人的审美和女人有很大的不同,他们不会太关注细节。一件款式相同、颜色相同的衣服在女性眼中可能千差万别(比如纽扣位置不同、单排扣和双排扣不同),但在大多数男人眼中这两件衣服就是一样的。所以,如果要照顾男人的审美,就不要购买太多颜色和款式相同的衣服,因为在他们眼里这些颜色相同的衣服是一样的。

有些男人的审美让我很是无法理解。很多在我眼中非常俗套的

PART2
我的外部形象改造工程

装扮在他们眼中却成了漂亮的装扮，不管是全身亮片还是让人吐血的铆钉，只要不常见他就认为是时尚。

怎么我们以黑、白、灰为主色调的超酷欧美范儿居然被全身亮片儿和铆钉打败了？

其实对此我们不用太在意。处于穿衣成熟阶段时，要学会把握大多数人的审美，最好能够将女人认为的时尚同男人认为的漂亮结合起来（如图9-1所示）。

图9-1 小小的改变，既不会减少酷感，还能增加情趣

比如,欧美风的黑、白、灰中间就可以加一些亮点,换个颜色的靴子,或者加上围巾之类的小配饰。

如果觉得颜色太过单调,那么可以通过叠加穿获得层次感和立体感。

这样的美更完整,也更易于被大多数人接受。

第4节 如何穿衣才能低调而优雅？

1．简单低调是上层社会女性的标志

有一本叫作《格调》的书，这样描述上层女性的着装："她们穿得更低调，通常款式都很简单，没有过度的装扮和搭配；她们身上没有任何多余的装饰和珠宝，她们的头发没有明显的发型，但是一定是非常清爽的。"

戴太多的首饰、画太浓的妆、身上装饰过多、穿高调闪光的连裤袜以及非常高的高跟鞋，这些都是不高级的标志。

2．任何单品都不要太多

任何单品都不要太多，除非它能标志你的个人风格。

对于女性来讲，逛街购物无疑是一件令人愉悦的事情，但是逛街和购物是两个概念，*逛街不一定要买东西，也不一定为了买东西而逛街。*

我非常喜欢逛街，但是买得比较少，一方面我平时的衣物以代购为主，因为国内的衣服和化妆品太贵；另一方面，我通常会选择国外的打折季集中购买自己喜欢的衣服。

实用性低的衣服有一件就够了，不要多买。比如，海边风的假日长裙，如果你不是已经确定去海边的具体日期，建议不要购买。

魅力进化论：
我的形象管理手册

那些被你计划"等下次穿"的衣服，往往一直不会穿。事实上，当那个场合真正来到的时候，也许你的衣橱里现有的衣服中也有可以穿的。

> 再好看的衣服不适合你也不要买，因为它们的下场通常是压箱底。
>
> 不适合你，可能是不适合你的尺寸（不要幻想自己会瘦），不适合你的脸色（不要幻想化了妆穿会好看，如果你逛街时没有化妆，那么你也懒得为穿它而化妆），不适合你的风格（走中性风的姑娘就不要幻想自己也可以穿公主风的裙子了，想要穿裙子的话小黑裙正在等着你）。

3. 买你能力范围内最好的

建议购买你能力范围内质地最好的衣服，同一件白衬衫，50元一件和500元一件的绝对不一样，500元一件和5000元一件的也不会一样。我不是鼓励你掏空荷包去买5000元一件的白衬衫，但是如果你可以负担500元一件的，就不要去买50元一件的，它会让你看起来寒酸、不体面。

穿衣无非是：分场合穿衣、气质与穿衣相吻合、肤色与衣服色彩相协调、剪裁能修饰体型。

所以最重要的是，在购买衣服之前先了解自己：自己的喜好、自己的肤色、自己的体型适合的衣服。

4. 找到你的"基本色"：最适合你的颜色

买衣服前先确定自己的基本色，可以提高穿着率。基本色在这里不是指黑、白、灰，而是最适合你肤色和风格的颜色。

基本色是"最适合你的两个色系"。

适合你的颜色可能不是很多。我认识一个姑娘，她的基本色是藏蓝与红，这两个颜色都很适合她，搭配到一起也很好看。

比如，现在大热的姜黄色很适合知性的女士，藏蓝色很皇家，适合御姐等。

我的基本色是黑色和裸色。

基本款的衣服都买基本色的，然后小件，比如丝巾、包包、腰带等可以买别的颜色。

这样买衣服，成功率和穿着率都会很高。

决定自己穿什么是有顺序可循的。一般来说，你需要：

a．根据要出席的场合选择风格；

b．根据自己的体型选择款式；

c．根据肤色确定服装的主色调；

d．根据主色调来决定配饰的颜色；

e．确定整体风格的协调。

魅力进化论：
我的形象管理手册

第 5 节　气场远不止搭配那么简单

1. 恰当选择尺寸，让你看起来更曼妙

既要有选择更大号衣服的勇气，也要有选择更小号衣服的决心。不同的款式、不同的服装，需要不同的尺寸。

有的衣服就是大一点儿才好看，有的则需要紧身才利索。我认识一个女孩，她穿什么样的衣服都显得非常妥帖，无论是基本款的风衣，还是别致的连衣裙，她穿起来就是和别人不一样。

后来我问她穿衣服的秘诀是什么，她对我说，她的秘诀就是所有的衣服都要试三个尺码，第一个尺码是适合自己的 S 码，以她的身高体重通常都是选择 S 码的衣服。

但是为了更好的效果，她每次都会试 XS 码、S 码、M 码三个码的衣服。

去年有一款非常火爆的名牌羽绒服，款式和材质都非常出色，但是从网上秀出的图来看，穿这件衣服的人很少有穿得和模特一样漂亮的，看起来总觉得哪里怪怪的。但是她穿上后却非常好看，我问她为什么，她说在购买这款衣服前，她仔细研究了尺寸，觉得这款是给欧美人设计的，如果按照自己平时的尺码购买，那么效果一定是宽松的，羽绒服太宽松了可不好。于是她在仔细研究了尺寸之后，觉得这一款更适合小一号，于是她买了小一号的，果然长短非常适合她，整体的线条看起来也非常流畅。

2. "百变"是无法成为女神的

不要轻易尝试百变发型，超过20岁后你的发型应当有自己的基本风格，是有刘海还是无刘海，是中分还是偏分……都应该有个基本的形状，选择最适合你的发型，然后不要经常性地改变它。

所有的女神都是靠细节堆出来的，比如走法式浪漫风的苏菲·玛索，她就永远以法式刘海示人。颇有空气感的刘海，使她看起来性感而慵懒，那是她独特的气质。

真正的女神很少变换自己的发型，因为她们知道什么才是最适合自己的。

美人们的发型改变尚且雷人，何况我们呢？

对于很多中国女性来说，印堂是精气神所在，而刘海就是她们通往"美女"道路的最后一道障碍。如果你的额头没有问题，不是大奔头，不如痛快地把刘海掀起来，露出额头，这样可以让你整个五官清晰很多。

3. 从"我喜欢"到"我适合"

审美这件事情并不完全是先天的，后天的努力更加重要。

> 我有一个很好的朋友，在青春期的时候非常喜欢假小子的打扮，帅气的西装裤、短短的头发，而且故意把胸勒得很平，

魅力进化论：
我的形象管理手册

做出帅气的样子。但是这样的效果并不好，因为她的身高只有163cm，而且眉眼都非常柔和，那些中性化的衣服在她身上显得不伦不类。很多女孩子在青春期，都喜欢把自己打扮成中性的样子，这是处于青春期的奇特心理。等她们长大后你会发现，她们忽然间变漂亮了，其实她们的五官并没有什么变化，只是她们忽然开窍了，会打扮了，更重要的是选择了适合自己的衣服。

我那个朋友在长大之后，开始选择一些女性化的衣服。虽然很少有装饰，但是都非常适合她的身材，我发现她穿裙子比穿裤子漂亮得多。选择适合自己的衣服，也是重新认识自我的过程。

在穿衣服这件事情上，有一个事实是，你喜欢什么并不重要，你适合什么才最重要。过去可能很多人告诉过你，你喜欢什么就穿什么，但是很多时候我们喜欢的衣服往往不适合我们，反而会使我们走更多弯路。

我看一个女孩是通过她的衣着打扮和她使用的香水，从中我可以看到她对自我的认知，我可以猜到她期望的自我。如果一个人对自我的认知和现状相吻合，她的打扮看起来就会非常有美感；如果一个人的自我认知和现状并不一致，她的打扮就会有一种怪异的感觉。

后记

　　魅力、眼神、微笑、语言是女人用来淹没男人和征服男人的洪流。

——莫泊桑

　　我想说，所谓的魅力更多是来自于女人对自身的了解以及内心对于外界认同的渴望！

　　我不知道你将去何方？但我知道你已经在路上！

　　关键是：女人……

　　你到底要什么？事业或是爱情？还是取悦自己的筹码？又或者试图拥有全部的资本？

　　凌晨，独坐在电脑前，思绪回到几年前，回想当初一心想出本女性形象管理的书籍，是什么信念支撑着我？终于让这本书面世！

　　总觉得女人与形象管理这一课题的关系，如同一对历经岁月沉淀的夫妻，举手投足间便会不经意沾染彼此的痕迹！

魅力进化论：
我的形象管理手册

我一直觉得自己是一名"色女"，眼睛总是不由自主地出卖自己的灵魂，对于那些体型健壮，神情或阳光或忧郁，穿衣品质不凡的男性总是偏爱，可是女人们，难道你们不爱？亦如同男人对于美女天生的喜爱一样，关键是你是否有让男人一见钟情、鞍前马后的资本。

在移动互联网时代，我们每天都会在朋友圈看到这样那样的女性文章，但那些信息并不对称，于是我们越来越迷惘。

希望这本书能让你不再问，不再无措……

进入书海，慢慢畅游！